U0214915

“十三五”国家重点出版物出版规划项目
国 家 科 技 基 础 性 工 作 专 项

中国主要作物气候资源图集

大豆卷

主编
梅旭荣

本卷主编
杨晓娟　刘　园

浙江科学技术出版社 · 杭州

图书在版编目（CIP）数据

中国主要作物气候资源图集. 大豆卷 / 梅旭荣主编；杨晓娟，刘园本卷主编. — 杭州：浙江科学技术出版社，2023.12

ISBN 978-7-5739-0881-0

Ⅰ. ①中… Ⅱ. ①梅… ②杨… ③刘… Ⅲ. ①大豆—农业气象—气候资源—中国—图集 Ⅳ. ①S162.3-64

中国国家版本馆CIP数据核字（2023）第218276号

书　　名	**中国主要作物气候资源图集·大豆卷**
主　　编	梅旭荣
本卷主编	杨晓娟　刘　园

出版发行	浙江科学技术出版社 杭州市体育场路347号　邮政编码：310006 办公室电话：0571-85152719 销售部电话：0571-85176040 E-mail：zkpress@zkpress.com
排　　版	杭州万方图书有限公司
印　　刷	浙江新华数码印务有限公司

开　　本	787mm×1092mm　1/16	**印　　张**	5.25
字　　数	236千字		
版　　次	2023年12月第1版	**印　　次**	2023年12月第1次印刷
书　　号	ISBN 978-7-5739-0881-0	**定　　价**	80.00元
审 图 号	GS浙（2023）256号		

策划组稿	章建林　詹　喜	**责任编辑**	李羡然
责任校对	李亚学	**责任美编**	金　晖
责任印务	吕　琰	**装帧设计**	顾　页

“中国主要作物气候资源图集”编委会

主　　任　梅旭荣

副 主 任　刘布春　白文波　刘　勤　毛丽丽　杨晓娟　刘　园　游松财　李昊儒

总 编 委（按姓氏笔画排序）

毛丽丽　白文波　刘　园　刘　勤　刘布春　严昌荣　李昊儒　杨晓光　杨晓娟　何英彬　张立祯　姚艳敏　梅旭荣　游松财　霍治国

《中国主要作物气候资源图集·大豆卷》编写人员

主　　编　梅旭荣

本卷主编　杨晓娟　刘　园

本卷副主编　刘布春　游松财　白文波

编写人员（按姓氏笔画排序）

毛丽丽　白　薇　白慧卿　刘　勤　李昊儒　宋雯雯　陈　迪　武永峰　郑飞翔　韩　锐

地图编制　浙江省测绘科学技术研究院

数字制图　杭州吉思信息技术有限公司

序

光、温、水、气等气候资源要素是作物生长发育必不可少的物质能量来源和环境条件，其数量、质量及时空组合不仅影响着一个地区作物的种植结构、种植制度和耕作栽培技术，而且决定了一个地区作物的气候生产潜力、现实生产能力和实际产量。气候资源要素与作物生产之间的关系和相互作用规律，不仅是农业气候学要研究的基础科学问题，还是农业生产要解决的实际问题。

无论是在人类社会初期的原始农业阶段，还是在科学技术高度发展的现代农业阶段，探索、认识和掌握气候资源与作物间关系及其相互作用规律，并据此来优化作物生产布局和改进生产技术都是农业生产与管理者重点关注的问题。1400多年前，北魏贾思勰在《齐民要术》中就有“顺天时，量地利，则用力少而成功多”的经典论述。它昭示人们，根据自然规律办事则事半功倍。我们把这种关系和相互作用规律进行总结，并用图的形式形象地表现出来，就形成了农业气候资源图集和作物气候资源图集。这两者的区别是前者强调气候资源要素与农业的关系，更具区域性；后者突出作物生产与气候资源要素结合的相互作用，更具操作性。

因此，继2015年和2016年按照气候资源要素与农业的关系编制出版了“中国农业气候资源图集”系列图书之后，我们深感它作为国家科技基础性工作专项“中国农业气候资源数字化图集编制”的研究成果，对作物生产的实际指导价值并没有被充分挖掘，这成为我们编制“中国主要作物气候资源图集”系列图书的初衷。于是，在已出版图集的基础上，我们以为主要作物生产提供指导为目的，系统梳理了水稻、小麦、玉米、棉花、大豆五大粮棉油作物气候适宜区和主要发育期的气候资源状况，对其主要发育期和全生育期的农业气候资源进行综合评价，并给出生产操作建议，形成了《中国主要作物气候资源图集·水稻卷》《中国主要作物气候资源图集·小麦卷》《中国主要作物气候资源图集·玉米卷》《中国主要作物气候资源图集·棉花卷》《中国主要作物气候资源图集·大豆卷》。

本系列图集的编制出版，是农业气候资源研究的最新成果的体现，是源远流长的华夏农耕文明的延续和升华，它饱含了几代农业气象科技工作者的心血，不仅能成为农业科研教育和生产管理者的案头查阅工具书，而且能为农业生产经营和技术服务等多元主体提供生产决策依据和数据支撑。本系列图集的编制出版得到了中国农业科学院农业环境与可持续发展研究所、中国农业科学院农业资源与农业区划研究所、中国农业科学院农田灌溉研究所、中国气象科学研究院、中国农业大学、中国科学院地理科学与资源研究所等单位的大力协助，也得到了国家出版基金的资助。

在编制本系列图集的过程中，虽然我们倾尽所能，力求避免错误，但受水平所限，且我国存在主要作物种植区域广阔、长时间序列完整数据获取困难等客观情况，图集中出现遗漏和片面表述的情况在所难免，殷切希望广大同仁和读者不吝赐教，给予批评指正。我们也将不断深化农业气候资源研究和成果分享，使它们更好地为我国农业生产服务，更有力地支撑我国粮食安全和农业农村现代化建设。

2023年11月

前言

大豆是中国主要作物之一，也是保证粮食安全的重要资源。中华人民共和国成立后，大豆产业发展可分为恢复发展期（1950—1957年）、停滞下滑期（1958—1978年）、快速增长期（1979—1990年）、波动增长期（1991—1999年）、缓慢增长期（2000—2005年）、再次停滞下滑期（2006—2015年）。面对大豆生产的再次停滞下滑，为了保障大豆产业健康持续发展，“十三五”期间，全国推进种植业结构调整，恢复和增加了大豆种植面积。2016年以来，大豆种植面积连续5年调增，至2020年，全国大豆种植面积达到了988.2万 hm^2。2022年，大豆种植面积为1024万 hm^2。

中国地域辽阔，气候类型多样，气候资源优越且丰富。随着全球气候变暖，20世纪80年代以来，光、温、水等气候要素时空分布发生了明显变化，农业气候资源也随之发生了改变。农业气候资源是为农业生产提供物质与能量的可再生资源，它的数量、组成与空间分布状况很大程度上决定了农业种植结构、农业生产类型、农业生产效率和农业生产潜力。中国是大豆的原产国，大豆生产的气候优势明显，农业气候资源的变化给大豆产业的发展带来了新的挑战。因此，科学分析和评估中国大豆气候资源的时空分布特征，对合理布局、科学种植大豆，高效利用农业气候资源等具有重要的意义。

《中国主要作物气候资源图集·大豆卷》围绕中国大豆生长发育过程中光、温、水等气候要素，以1981—2010年逐日气象数据为基础，选择大豆不同生育阶段日照、积温、降水、降水盈亏等主要气候指标，精选了56幅大豆气候资源图幅，以期为中国大豆产业的优化布局和增产提质提供科学参考。

本卷图集由中国农业科学院农业环境与可持续发展研究所承担制作，梅旭荣、刘布春、杨晓娟、刘园、白文波、李昊儒、刘勤、毛丽丽和游松财等人参与完成。值此出版之际，谨向所有提供帮助和建议的专家一并致以衷心的感谢！本卷图集编制过程中，编写人员倾尽所能，但难免出现不足和遗漏之处，殷切希望广大同仁和读者不吝赐教，给予批评指正，以便今后修订、完善，更好地为广大读者服务，促进农业气候资源的科学研究和成果共享。本卷图集适合农业生产者和从事农业生产管理、农业政策制定、农业科研和教学等相关工作的科技人员使用。

编　者

2023年11月

编制说明

一、编制目的

大豆是重要的粮食和油料作物之一，大豆产业关乎中国粮食安全的健康发展。气候资源对其生长发育、产量形成及生产布局具有重要意义，其中光、温、水资源具有关键性的作用。我国地域辽阔，大豆气候资源丰富，受全球气候变暖等因素影响，大豆气候资源时空分布特征发生了明显的改变。为了全面反映大豆产区农业气候资源时空特征，我们利用1981—2010年的逐日气象资料，选取对大豆生长发育及产量形成较为重要的气候指标，按照确定的制图规范，进行了数据整编、数字制图和图幅校验等工作，编制了《中国主要作物气候资源图集·大豆卷》，以期为科学种植大豆、高效利用农业气候资源、合理调整大豆种植结构、评估气候变化对大豆的影响等工作提供科学参考。

二、资料和数据来源

1. 气象数据资料来源于中国气象局，涵盖全国604个气象标准观测台站30年（1981—2010年）逐日气象资料，其中基础数据包括台站名称、站号、经度、纬度和海拔等，逐日气象数据包括平均气温、最低气温、最高气温、日照时数、降水量和平均相对湿度。

2. 生育期数据资料来源于大豆种植主产县的调研资料。

3. 专题地图底图资料来源于标准地图服务系统。

三、资料整编及处理

由于大豆种植方式多样，间套作物繁多，在整编本卷图集大豆生育期资料时，主要考虑单作大豆。按照观测时段、测定方法、表示方法一致的原则，我们主要对大豆生育期及相关数据进行处理和整编，根据每个调研点大豆关键生育期的起止日期计算各生育期中值，作为图集对应的生育期日期。为保证资料的准确和科学性，工作人员对大豆关键生育期数据核实后，邀请领域内专家对此进行了复核和校准。

本卷图集选取的气候指标包括大豆生育期及各生育阶段的日数、日照时数、≥10℃积温、降水量和降水盈亏量。通过参考相关文献资料中制图指标的计算方法，在比较分析的基础上，最终确定并建立了大豆农业资源制图指标的标准算法和参数集。

本卷图集的专题地图底图资料来源于标准地图服务系统，以ArcGIS V10.5为制图主要工具，完成气象数据插值、绘制等值线等工作；绘制等值线时，除考虑气候条件和地形地貌外，还参考当地农业生产实际情况，采用文献查阅、专家咨询等方法对样图进行了修正和验证。

本卷图集选取与大豆生产实际关系最密切的10个指标进行制图，具体计算方法见下表。

光温水资源制图指标计算方法列表

制图指标	农业含义	计算方法
生育期太阳总辐射量	评价作物生育期的一个重要光能指标	作物某时段逐日太阳总辐射的求和
生育期日照时数	评价地区辐射资源的一个重要指标	作物某个生育时期逐日日照时数求和
生育期≥10℃积温	作物种植界限与作物布局的主要依据	$q=\sum_{n_2}^{n_1}T_i$（n_1为作物生育期≥10℃的起始日期，n_2为作物生育期≥10℃的终止日期；T_i为作物某生育期日平均气温≥10℃的日平均气温值）
生育期降水量	作物生育期内总降水量，反映生育阶段主要水分收入的多少	生育期内逐日降水量求和
各生育阶段降水量	作物不同生育阶段内降水量，反映不同生育阶段主要水分收入的多少	不同生育阶段内逐日降水量求和
生育期降水盈亏量	作物生育期降水量与需水量的差值，反映降水与最大潜在水分支出的平衡关系	生育期内降水量减需水量
各生育阶段降水盈亏量	作物不同生育阶段内降水量与需水量的差值，反映降水与最大潜在水分支出的平衡关系	不同生育阶段内降水量减需水量
降水满足率	作物生育期降水量满足作物需水的程度	生育期内降水量除以需水量
75%降水保证率下生育期降水量	4年三遇条件下作物生长季降水量	绘制降水量保证率曲线图，查出对应的75%降水保证率下生育期降水量
75%降水保证率下降水盈亏量	4年三遇条件下降水量与需水量的差值	75%降水保证率下作物生长季降水量减作物生长季需水量

四、图集的应用

本卷图集精选影响大豆生长发育的主要光、温、水资源指标，编制、收录大豆气候资源图幅56幅，全面地反映了我国1981—2010年大豆生育期和生育期内光、温、水资源空间分布特征。

首先，读者可根据本卷图集直接或间接查找各地大豆生育期的日期、生育期的日数及光、温、水资源，了解大豆气候资源可否满足其需求，用以指导生产活动。其次，品种更新和引进新品种是农业生产的一个重要活动，了解大豆产地气候条件和作物的生育进程是这项工作的基础，应用本卷图集可以获得大豆光、温、水气候资源情况，对照大豆资源需求，从而确定其气候相似区，为大豆品种更新、新品种引进和推广提供技术支撑。此外，根据本卷图集的大豆水分特征，读者还可以确定大豆栽培技术适用的区域性指标，如灌溉时期、灌溉量和灌溉制度等。

目　录

分枝期—开花期 046

开花期—成熟期 055

参考文献 065

生育期

1

我国地域广阔，气候资源丰富。大豆按气候条件、耕作制度、品种类型不同被分为春大豆、夏大豆。春大豆分布较广泛，除热量资源过低的高原地区和水分不足的沙漠地带外，主要农区均有种植。夏大豆主要分布在黄淮流域、长江流域、云贵高原以及东南地区。

大豆适宜播种期与耕作制度、大豆品种、地理位置和气候条件密切相关。适时播种是大豆丰产的重要基础，播种原则是适期内早播，尽量缩短播种期。由南向北，我国春大豆播种期从2月下旬延续到5月下旬，夏大豆播种期从5月上旬延续到6月中下旬。春大豆分枝期从4月中旬延续到7月上旬，开花期从5月下旬延续到7月下旬，成熟期从6月下旬延续到9月下旬。夏大豆分枝期从6月上旬延续到8月上旬，开花期从7月上旬延续到8月中旬，成熟期从8月下旬延续到10月上旬。

大豆全生育期的长短，除受大豆本身的遗传特性决定外，还因栽培地区气候条件和栽培技术等因素而有差异。同一品种在不同纬度和不同播期下的生育期也不同。春大豆生育期比夏大豆生育期略长，这是由于春大豆生长发育期间的日照较长、温度较低。

春大豆全生育期日数为90～140 d。黑龙江北部春大豆的全生育期＜90 d，辽宁＞130 d，宁夏、甘肃东部和河西走廊、陕西北部、山西北部、河北北部，春大豆全生育期日数为110～130 d。浙江、江西、湖北、湖南、贵州、云南等地，春大豆全生育期日数为100 d左右。新疆南疆地区，春大豆全生育期日数＞135 d，北疆地区则＜125 d。夏大豆全生育期日数为100～110 d，区域差异相对较小。

播种期—分枝期是大豆的幼年期。春大豆播种期—分枝期日数比夏大豆要长。春大豆播种期—分枝期日数为30～50 d，从南向北逐渐增加。夏大豆播种期—分枝期日数为30～40 d。

分枝期—开花期是大豆的成年期。春大豆分枝期—开花期日数为15～40 d，我国北部地区＜30 d，南部地区＞30 d。夏大豆分枝期—开花期日数为10～20 d，四川地区分枝期—开花期日数为20 d左右，其他地区为10 d左右。

开花期—成熟期是大豆的生殖期。春大豆开花期—成熟期日数差异较大，为30～70 d，我国北部地区＞45 d，南部地区＜45 d。夏大豆开花期—成熟期日数为50～55 d，地区差异不大。

春大豆播种期

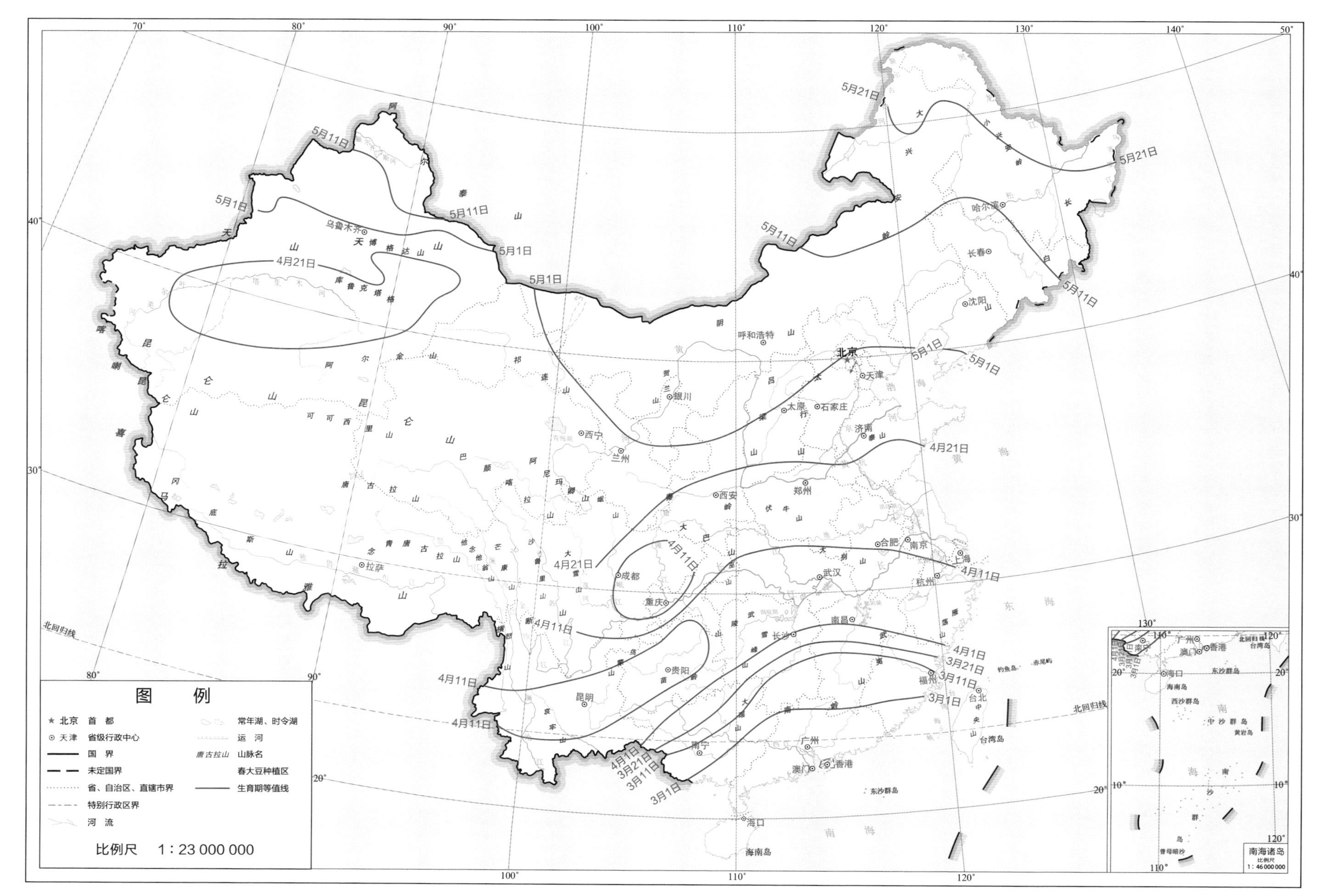

图例
北京 首都
天津 省级行政中心
国界
未定国界
省、自治区、直辖市界
特别行政区界
河流
常年湖、时令湖
运河
唐古拉山 山脉名
春大豆种植区
生育期等值线
比例尺 1：23 000 000
3月1日
3月11日
3月21日
4月1日
4月11日
4月21日
5月1日
5月11日
5月21日
北京
天津
石家庄
太原
济南
郑州
西安
银川
呼和浩特
西宁
兰州
成都
重庆
武汉
合肥
南京
上海
杭州
南昌
长沙
贵阳
昆明
南宁
广州
澳门
香港
福州
台北
海口
拉萨
乌鲁木齐
哈尔滨
长春
沈阳
台湾岛
海南岛
东沙群岛
钓鱼岛
赤尾屿
北回归线
南海诸岛
比例尺
1：46 000 000

夏大豆播种期

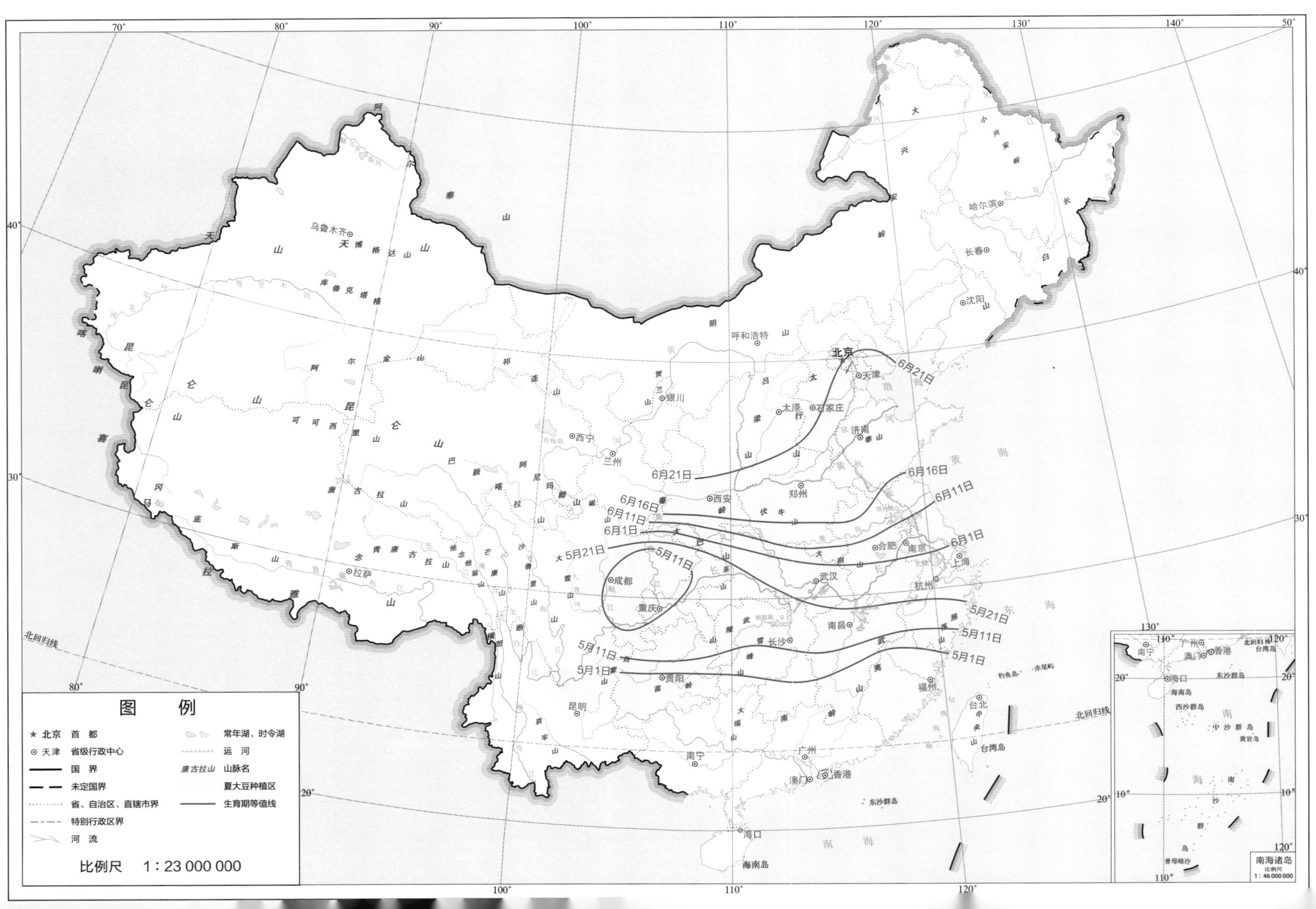

6月21日
6月16日
6月11日
6月1日
5月21日
5月11日
5月1日
北京
天津
石家庄
太原
呼和浩特
沈阳
长春
哈尔滨
济南
郑州
西安
银川
兰州
西宁
乌鲁木齐
拉萨
成都
重庆
武汉
合肥
南京
上海
杭州
南昌
长沙
贵阳
昆明
南宁
广州
福州
台北
澳门
香港
海口
海南岛
台湾岛
东沙群岛
钓鱼岛
赤尾屿
北回归线
南海诸岛
比例尺
1：46 000 000
图例
北京 首都
天津 省级行政中心
国界
未定国界
省、自治区、直辖市界
特别行政区界
河流
常年湖、时令湖
运河
唐古拉山 山脉名
夏大豆种植区
生育期等值线
比例尺 1：23 000 000

春大豆分枝期

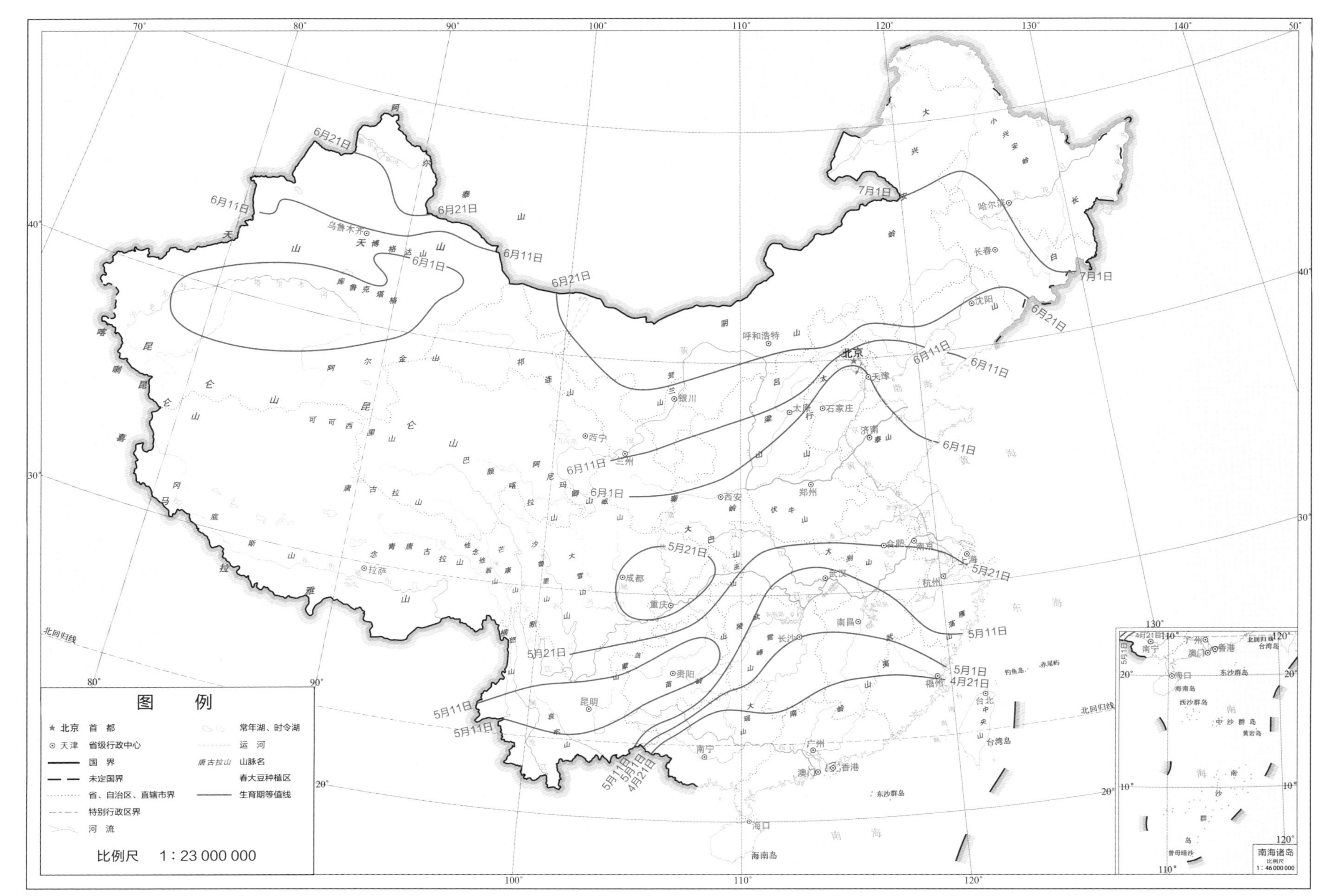
图例
北京 首都
天津 省级行政中心
国界
未定国界
省、自治区、直辖市界
特别行政区界
河流
常年湖、时令湖
运河
唐古拉山 山脉名
春大豆种植区
生育期等值线
比例尺 1:23 000 000
南海诸岛
比例尺 1:46 000 000
7月1日
6月21日
6月11日
6月1日
5月21日
5月11日
5月1日
4月21日
北回归线

夏大豆分枝期

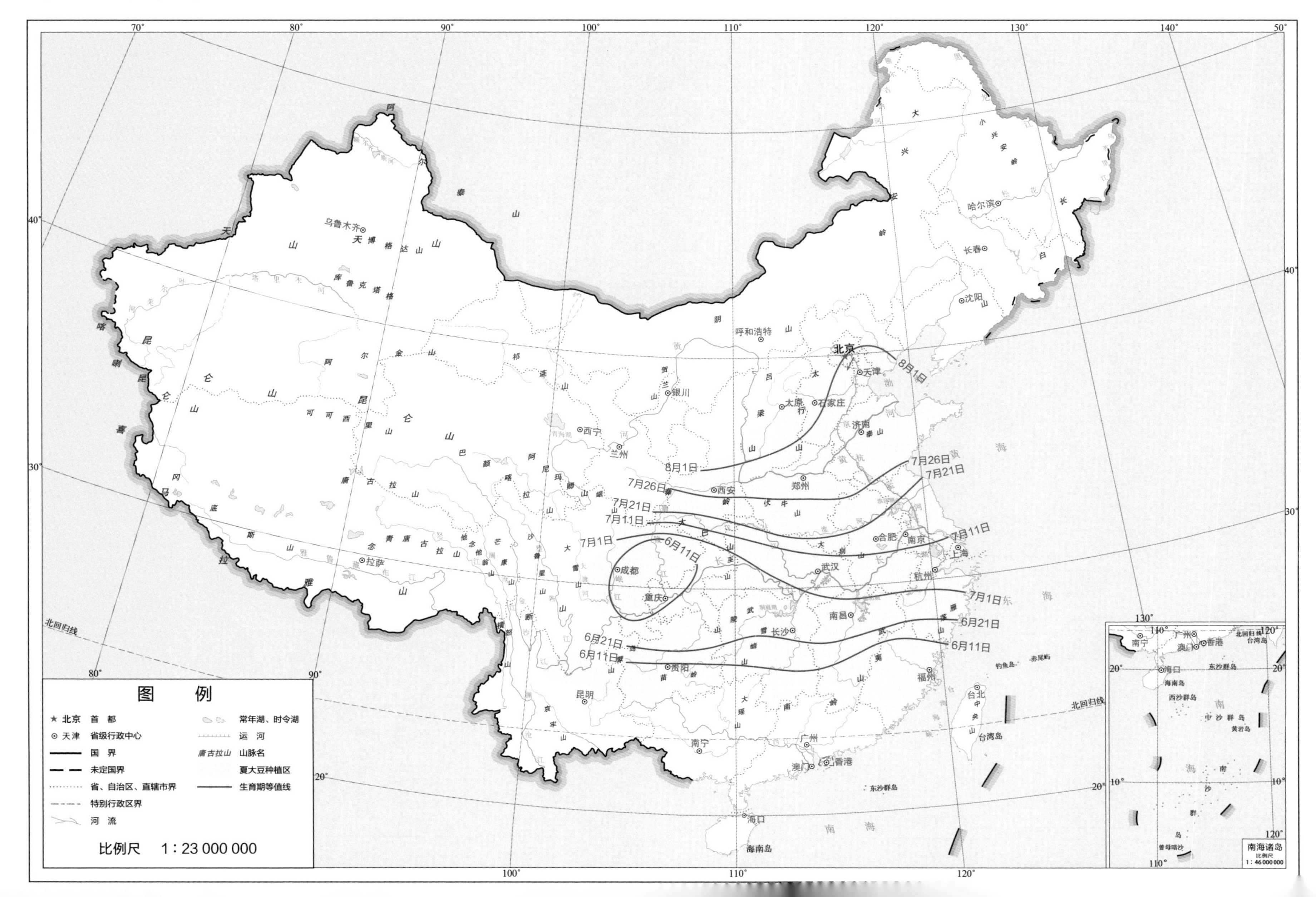
8月1日
7月26日
7月21日
7月11日
7月1日
6月21日
6月11日
南海诸岛
比例尺 1:46 000 000
图 例
★ 北京 首 都
⊙ 天津 省级行政中心
国 界
未定国界
省、自治区、直辖市界
特别行政区界
河 流
常年湖、时令湖
运 河
唐古拉山 山脉名
夏大豆种植区
生育期等值线
比例尺 1:23 000 000

春大豆开花期

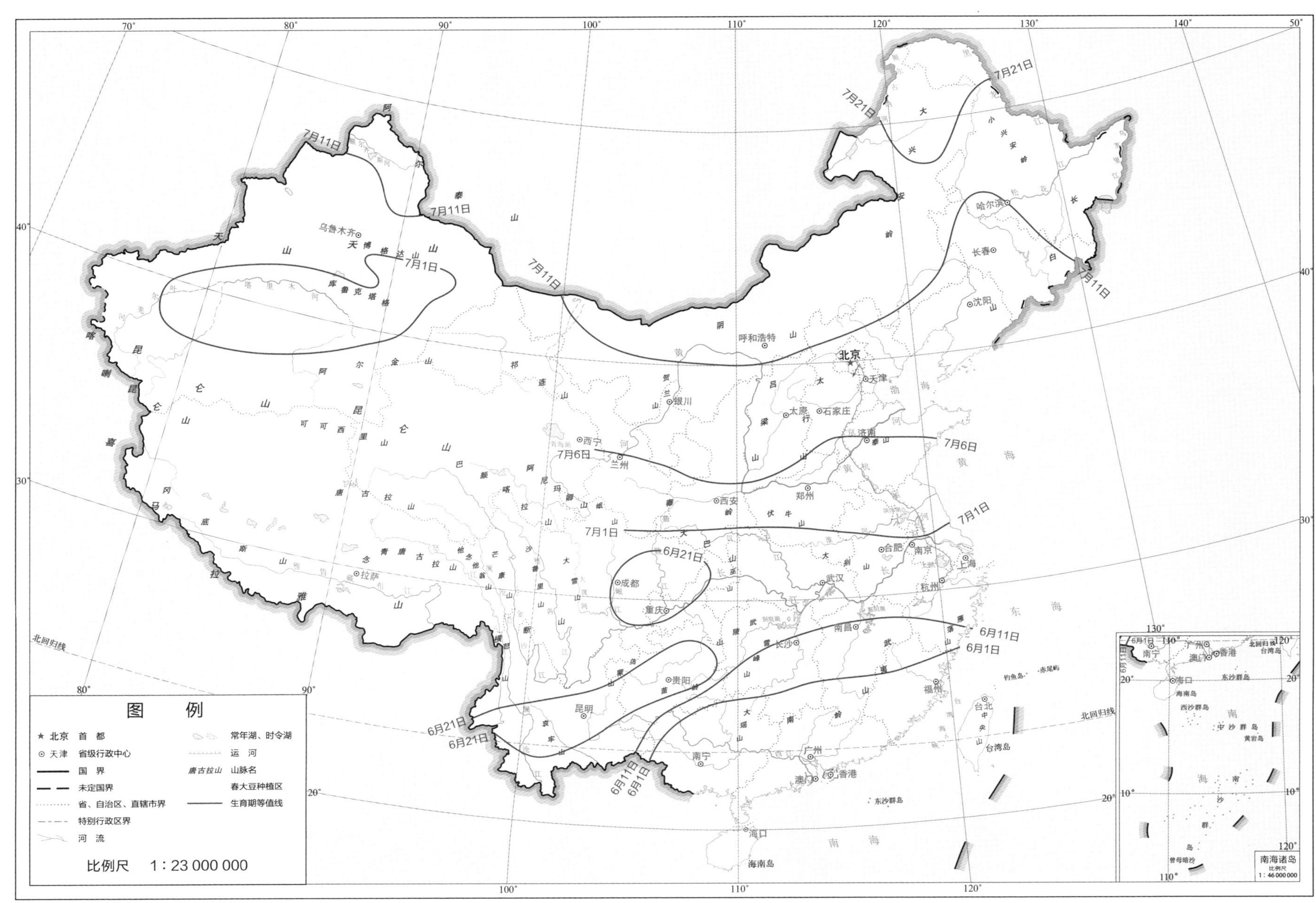
7月21日
7月11日
7月1日
7月6日
6月21日
6月11日
6月1日
北京
天津
石家庄
太原
呼和浩特
沈阳
长春
哈尔滨
济南
郑州
西安
银川
西宁
兰州
成都
重庆
贵阳
昆明
南宁
广州
香港
澳门
海口
长沙
武汉
南昌
合肥
南京
上海
杭州
福州
台北
拉萨
乌鲁木齐
台湾岛
海南岛
钓鱼岛
赤尾屿
东沙群岛
黄海
东海
南海
北回归线
南海诸岛
比例尺
1：46 000 000
图例
北京 首都
天津 省级行政中心
国界
未定国界
省、自治区、直辖市界
特别行政区界
河流
常年湖、时令湖
运河
唐古拉山 山脉名
春大豆种植区
生育期等值线
比例尺 1：23 000 000

夏大豆开花期

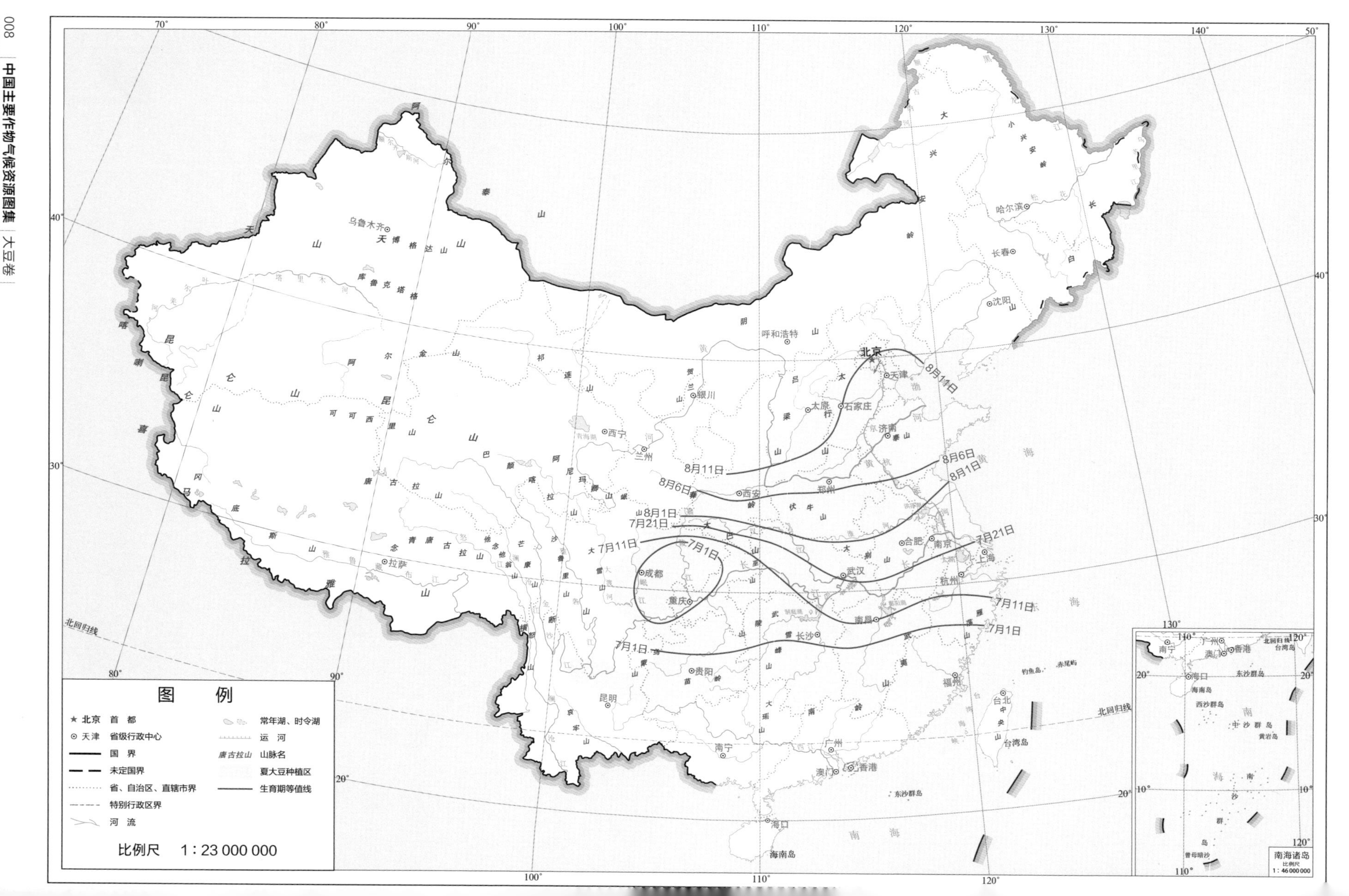

8月11日
8月6日
8月1日
7月21日
7月11日
7月1日
北京
天津
石家庄
太原
济南
郑州
西安
合肥
南京
上海
杭州
武汉
南昌
长沙
成都
重庆
贵阳
昆明
南宁
广州
香港
澳门
海口
福州
台北
呼和浩特
银川
兰州
西宁
拉萨
乌鲁木齐
哈尔滨
长春
沈阳
南海诸岛
比例尺 1：46 000 000
图例
北京 首都
天津 省级行政中心
国界
未定国界
省、自治区、直辖市界
特别行政区界
河流
常年湖、时令湖
运河
唐古拉山 山脉名
夏大豆种植区
生育期等值线
比例尺 1：23 000 000

春大豆成熟期

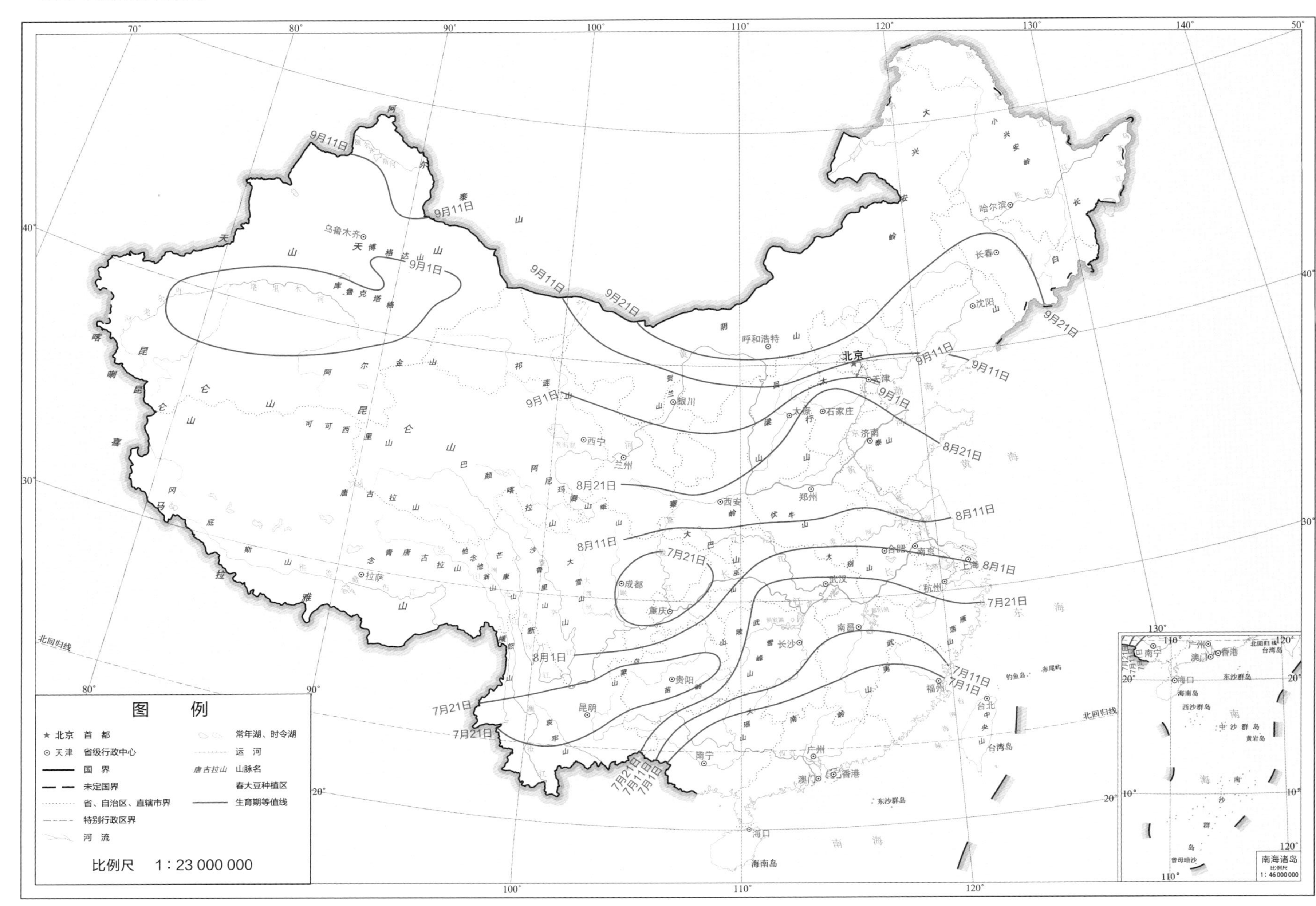
9月21日
9月11日
9月1日
8月21日
8月11日
8月1日
7月21日
7月11日
7月1日
北京
天津
石家庄
太原
济南
郑州
西安
呼和浩特
银川
兰州
西宁
乌鲁木齐
拉萨
成都
重庆
贵阳
昆明
南宁
广州
香港
澳门
海口
长沙
南昌
武汉
合肥
南京
上海
杭州
福州
台北
沈阳
长春
哈尔滨
台湾岛
海南岛
东沙群岛
钓鱼岛
赤尾屿
北回归线
图例
北京 首都
天津 省级行政中心
国界
未定国界
省、自治区、直辖市界
特别行政区界
河流
常年湖、时令湖
运河
唐古拉山 山脉名
春大豆种植区
生育期等值线
比例尺 1：23 000 000
南海诸岛
比例尺
1：46 000 000

夏大豆成熟期

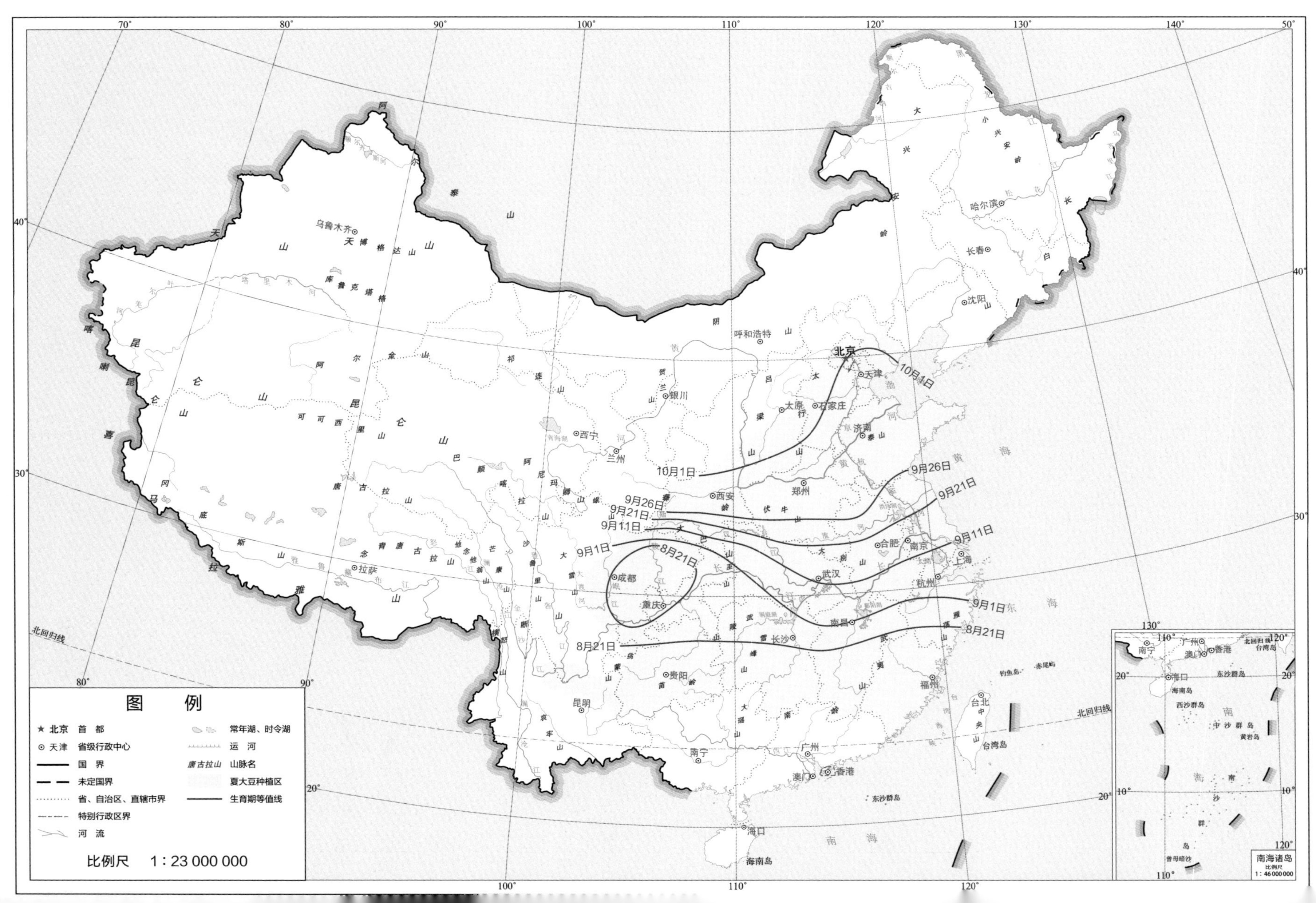

10月1日
9月26日
9月21日
9月11日
9月1日
8月21日
北京
天津
石家庄
太原
济南
郑州
西安
合肥
南京
上海
杭州
武汉
南昌
长沙
成都
重庆
贵阳
昆明
南宁
广州
香港
澳门
海口
台北
福州
兰州
西宁
银川
呼和浩特
哈尔滨
长春
沈阳
乌鲁木齐
拉萨
北回归线
南海诸岛
比例尺 1：46 000 000
图例
北京 首都
天津 省级行政中心
国界
未定国界
省、自治区、直辖市界
特别行政区界
河流
常年湖、时令湖
运河
唐古拉山 山脉名
夏大豆种植区
生育期等值线
比例尺 1：23 000 000

春大豆播种期—成熟期日数

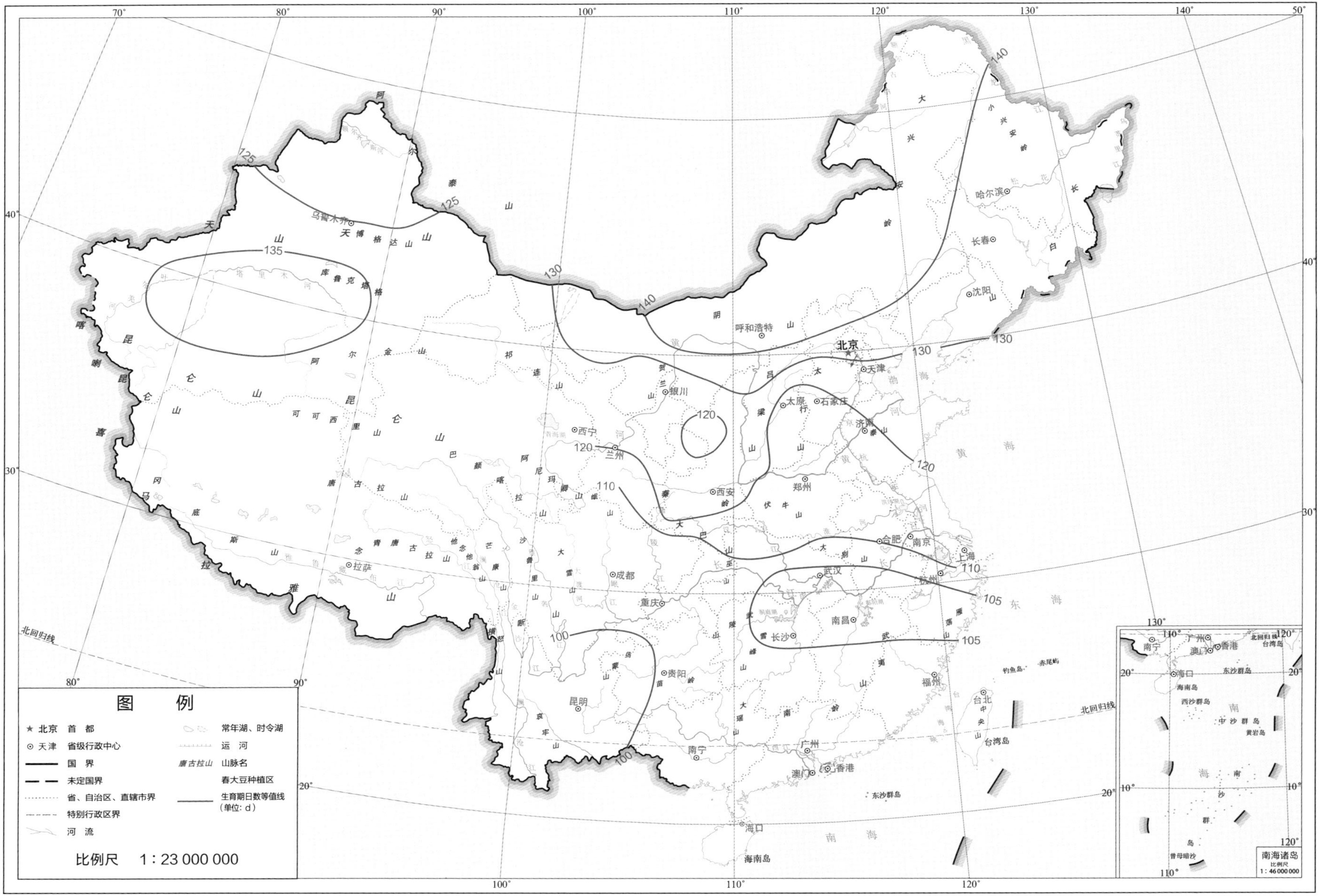

图　例

★ 北京　首　都
⊙ 天津　省级行政中心
国　界
未定国界
省、自治区、直辖市界
特别行政区界
河　流
常年湖、时令湖
运　河
唐古拉山　山脉名
春大豆种植区
生育期日数等值线（单位：d）

比例尺　1：23 000 000

南海诸岛
比例尺
1：46 000 000

夏大豆播种期—成熟期日数

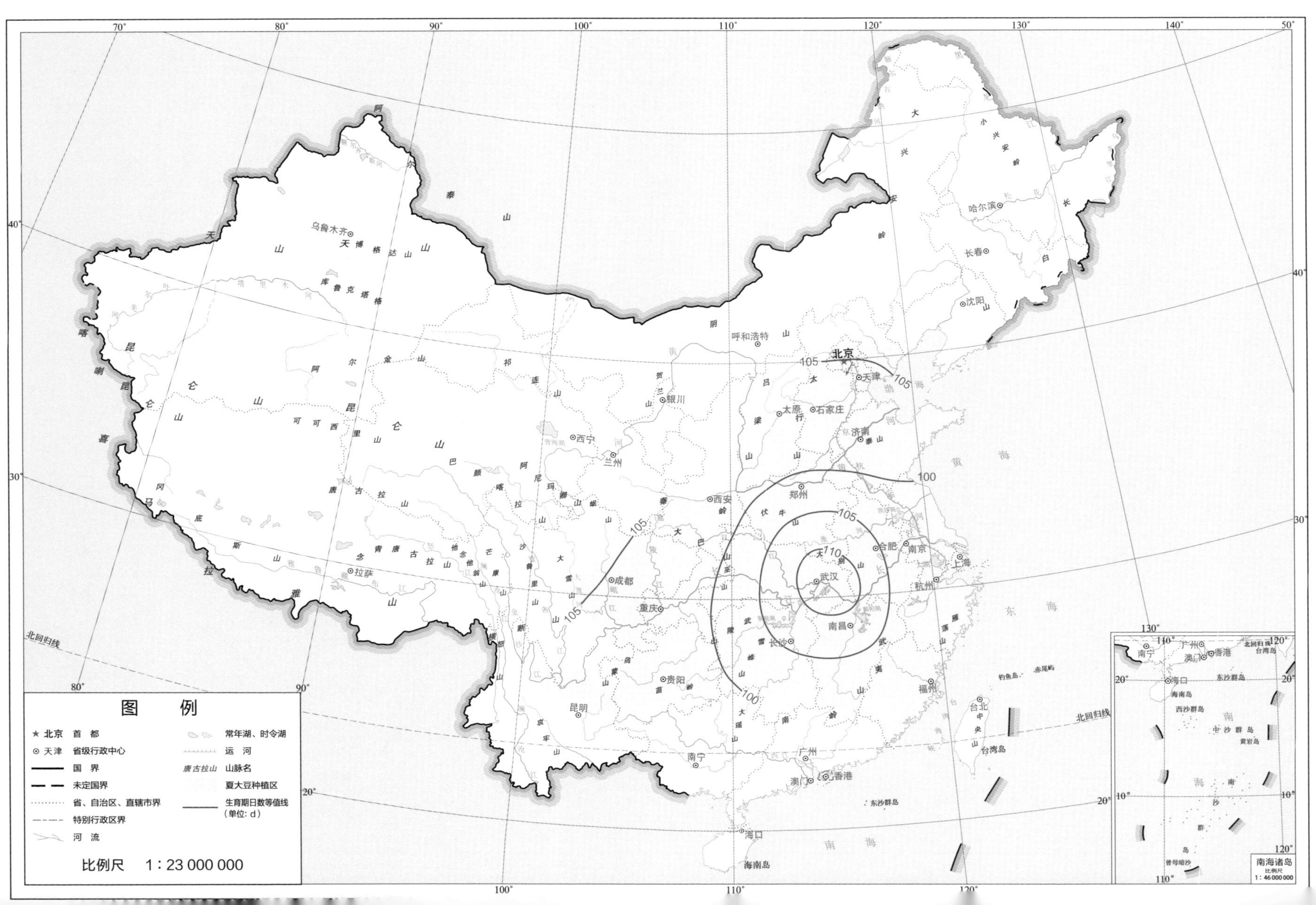

春大豆播种期—分枝期日数

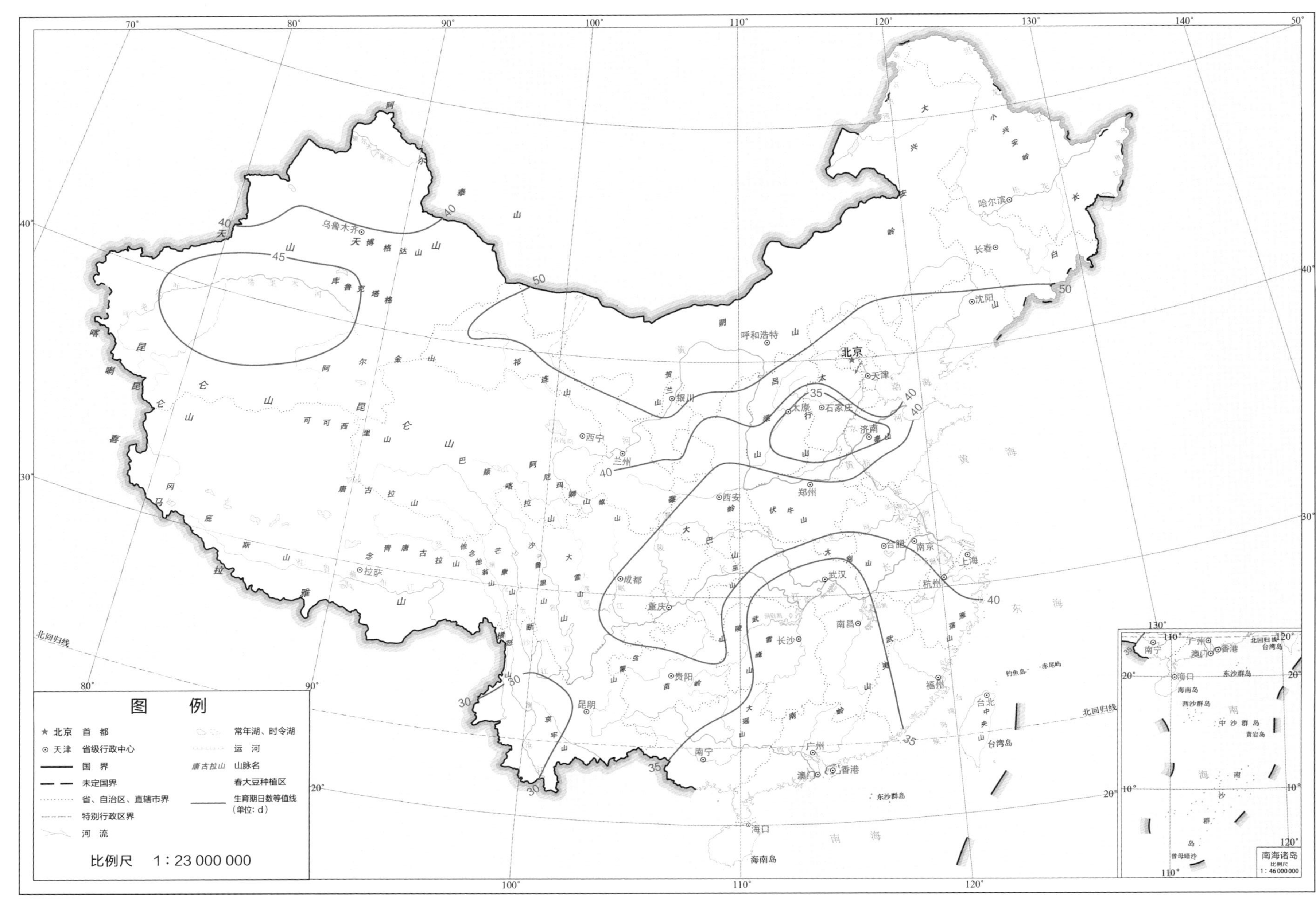

夏大豆播种期—分枝期日数

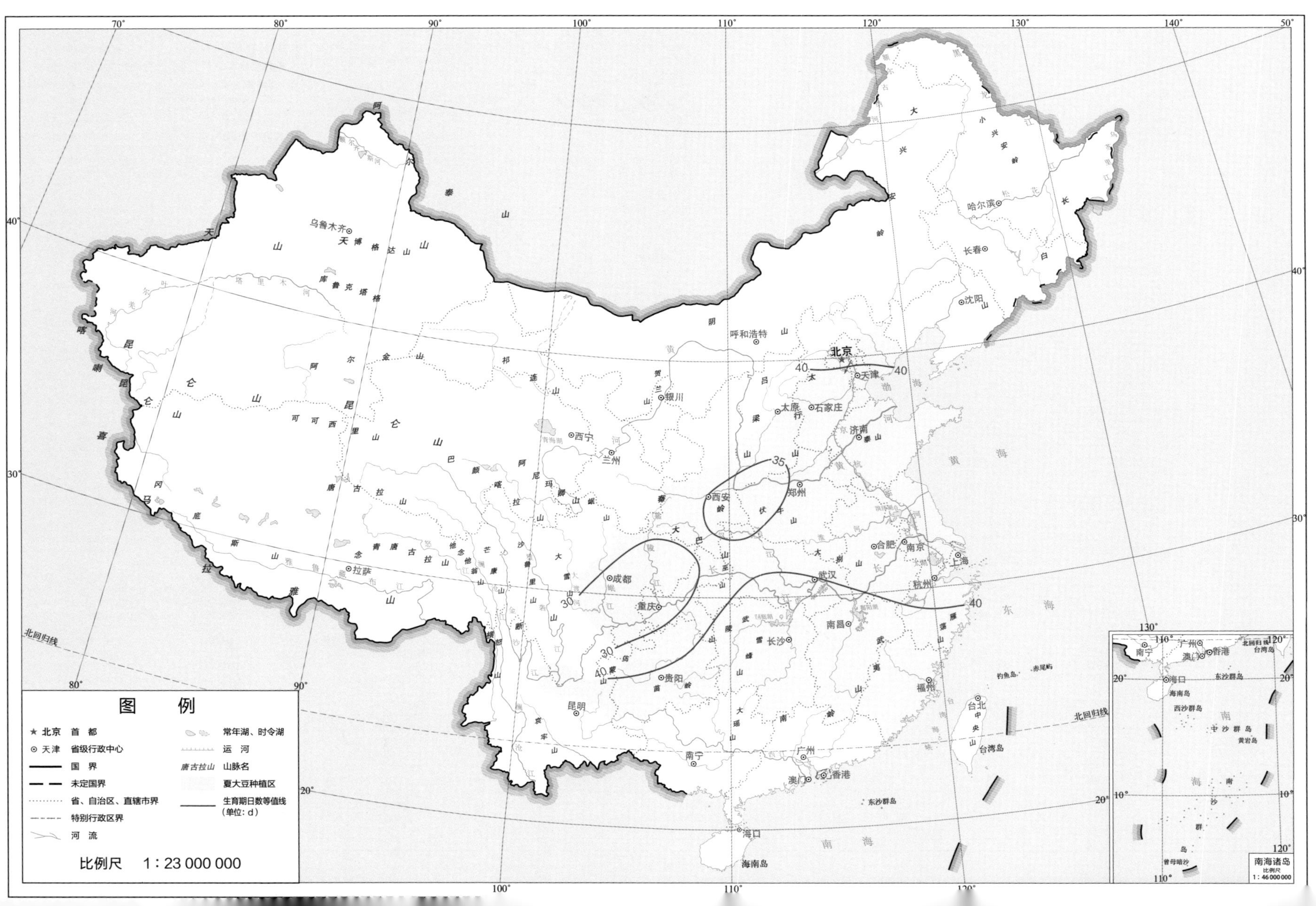

春大豆分枝期—开花期日数

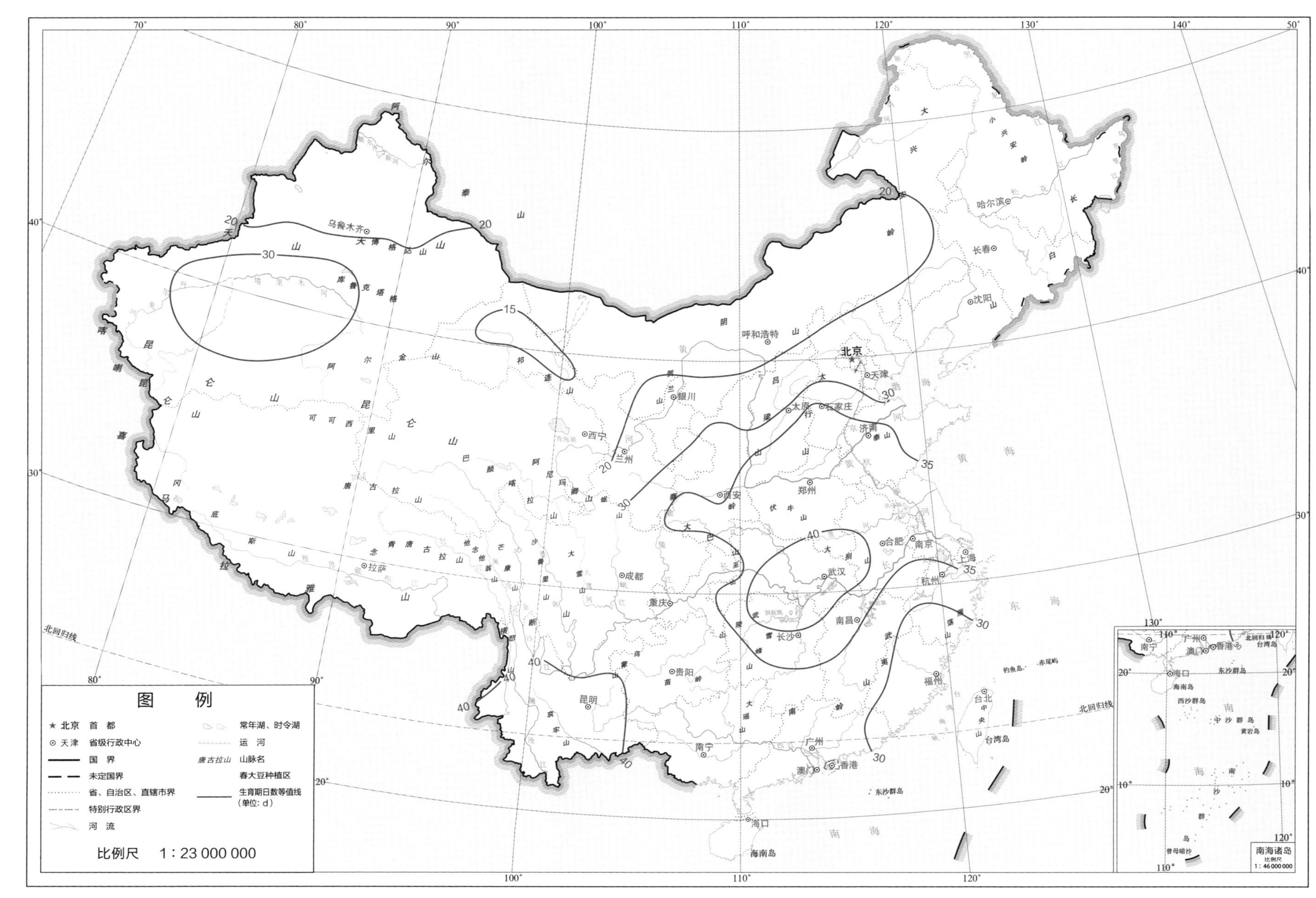

夏大豆分枝期—开花期日数

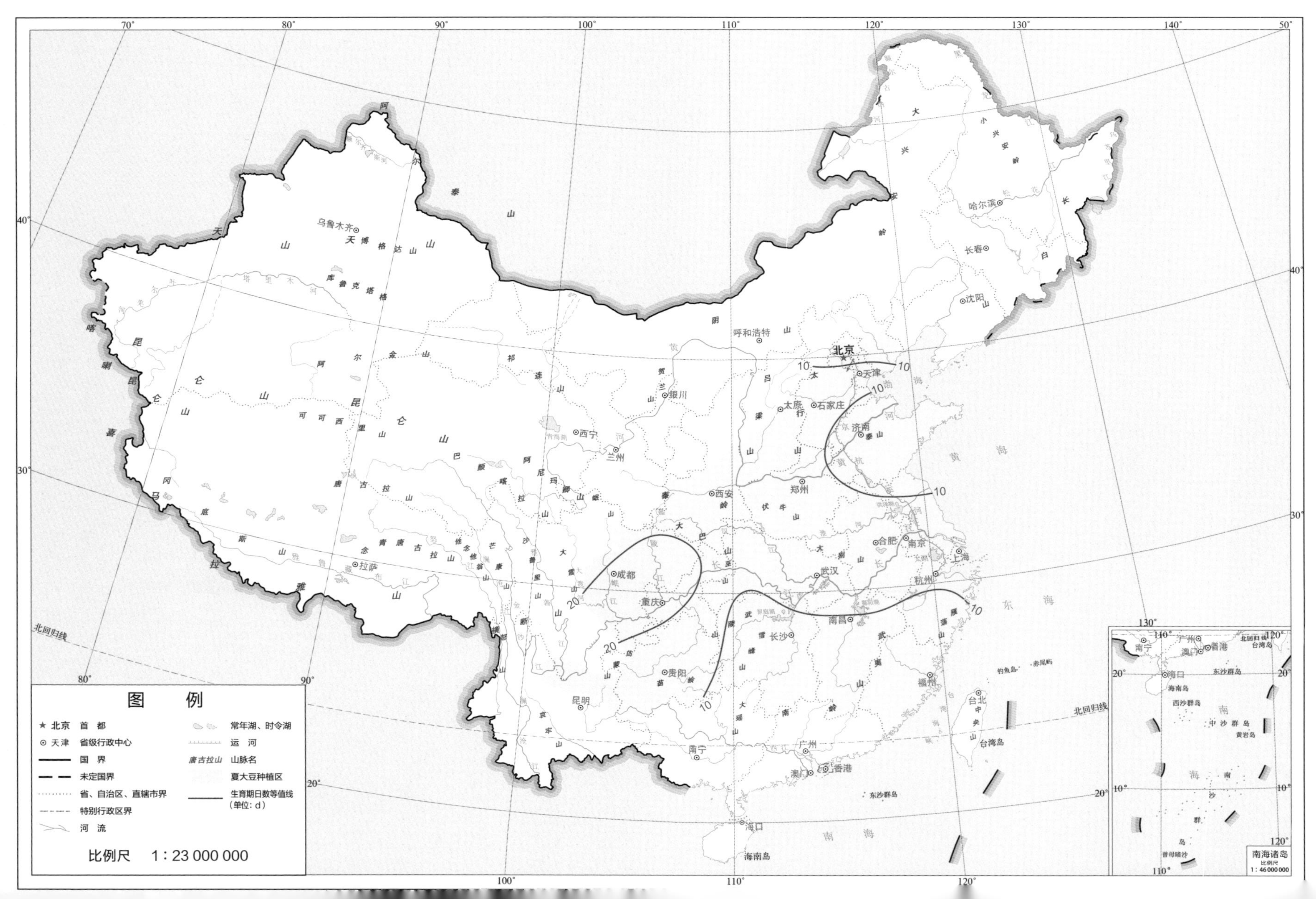

1 生育期 017

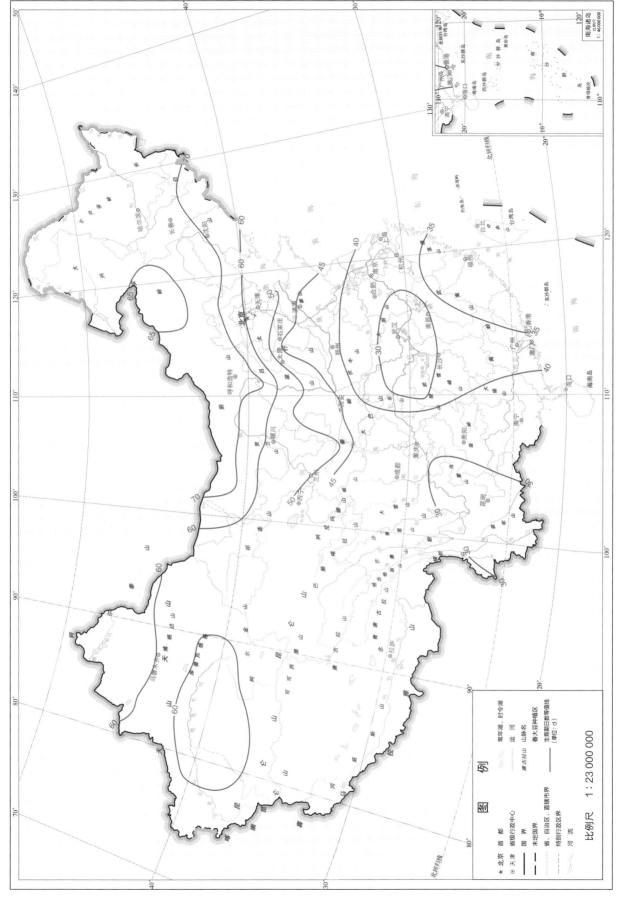

夏大豆开花期—成熟期日数

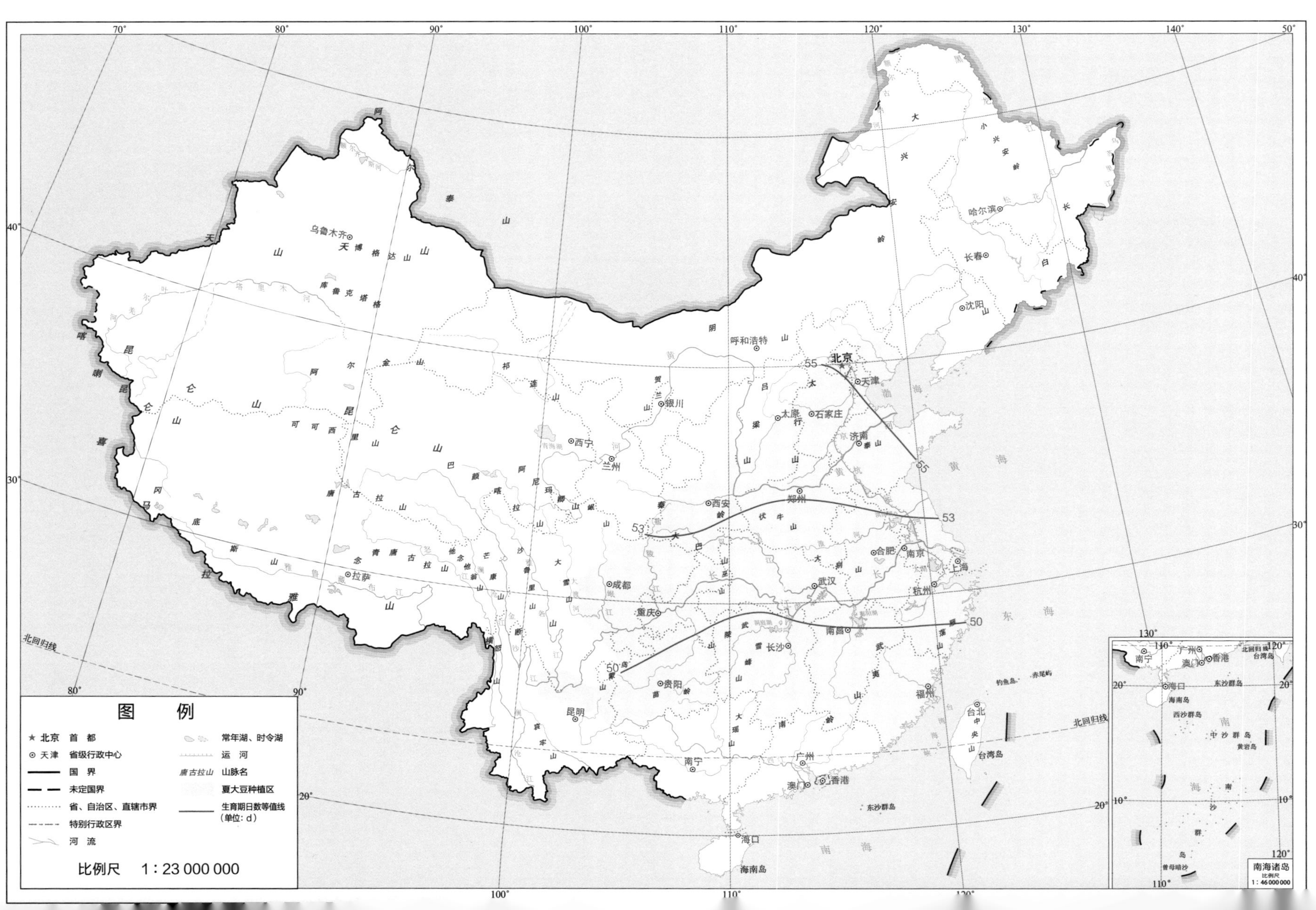

气候资源

2

播种期—成熟期

大豆在播种期—分枝期喜欢温暖湿润的环境，开花结荚期需要充足的光照和水分，成熟前则偏爱凉爽而干燥的环境。我国春大豆和夏大豆种植区域内，光照和温度资源丰富，基本满足春大豆和夏大豆的生长需求。光是植物赖以生存的主要能量来源，植物光合作用的累积时间是决定植物将光能转化为化学能以及将无机物转化为有机物数量的主要因素之一。我国春大豆生育期内日照时数由南到北，从＜400 h增加到＞1400 h；夏大豆生育期内日照时数由南到北，从＜500 h增加到＞700 h。大豆生育期内所需≥10 ℃积温为1900～2900 ℃·d。春大豆生育期内所需≥10 ℃积温变化范围为2000～3000 ℃·d；夏大豆生育期内所需≥10 ℃积温变化范围为2400～2800 ℃·d。

水分在植物的生命活动中起着重要的作用。缺水会加速活性氧的积累，致使叶片衰老，抑制植物生长，减少光合面积，降低光合速率，从而抑制植物的正常生长发育；过多的水分会造成植物根部缺氧，产生乙醇、乳酸等有害物质，同时厌氧微生物产生有毒物质，阻碍植物的发育。若降水亏缺，大豆易出现缺水干旱，要及时采取各种物理、化学和工程抗旱等措施，满足大豆生长的水分需求。若降水盈余，大豆易出现涝害，需要及时排水。在我国春大豆种植区域内，从东南到西北，降水由盈余变为亏缺。陕西南部、河南中南部、山东南部和东部、辽宁中部和东部、吉林东部、黑龙江和内蒙古东北部及这些地区以西、以北的区域，降水亏缺，不能满足春大豆生长的需求；以南、以东区域，降水盈余，能满足春大豆对水分的需求。新疆东南部降水亏缺最多（＞700 mm），福建、江西东部和广东东部降水盈余最多（＞600 mm）。在夏大豆种植区域内，均降水盈余，能满足水分需求。

春大豆播种期一成熟期太阳总辐射量

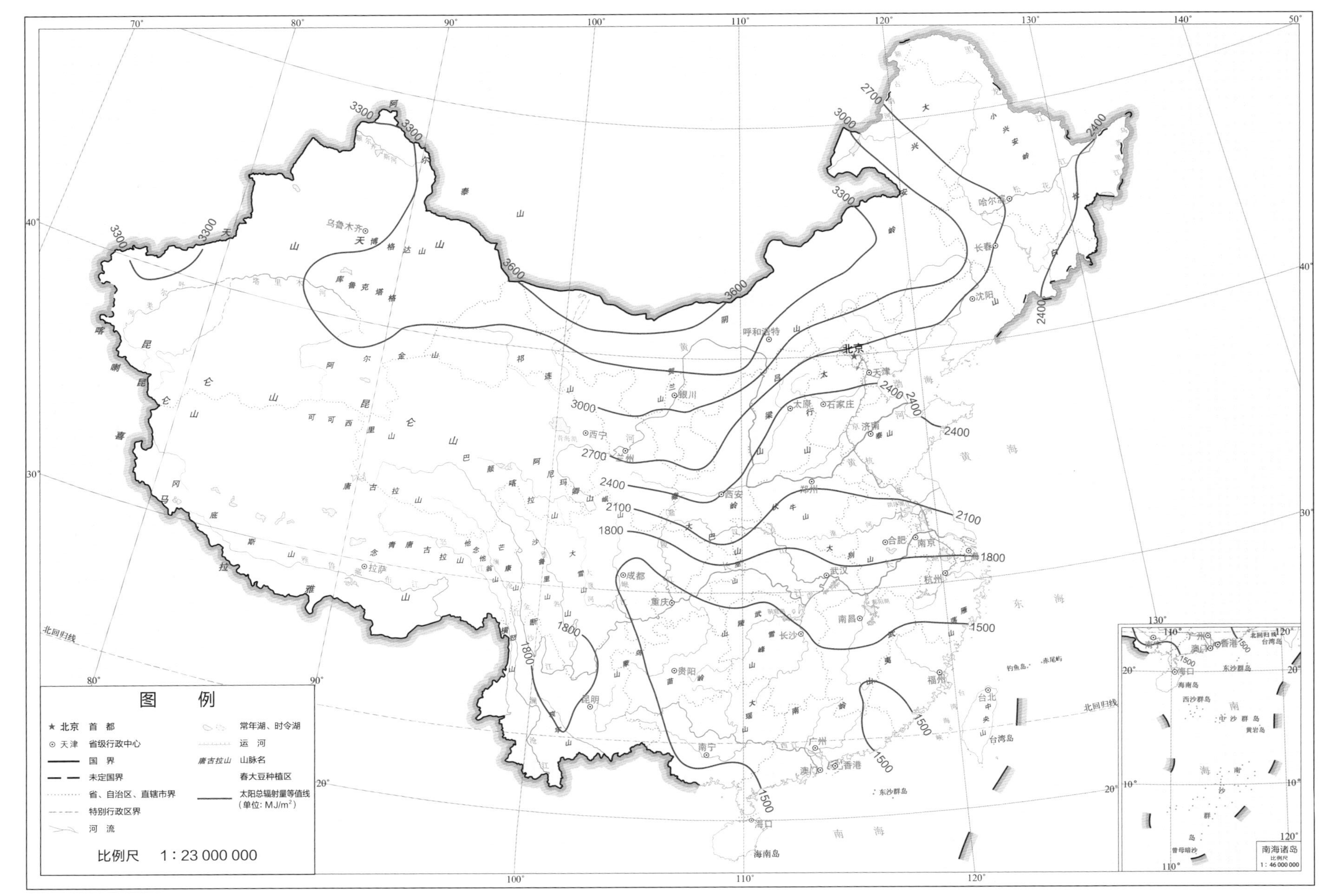

夏大豆播种期—成熟期太阳总辐射量

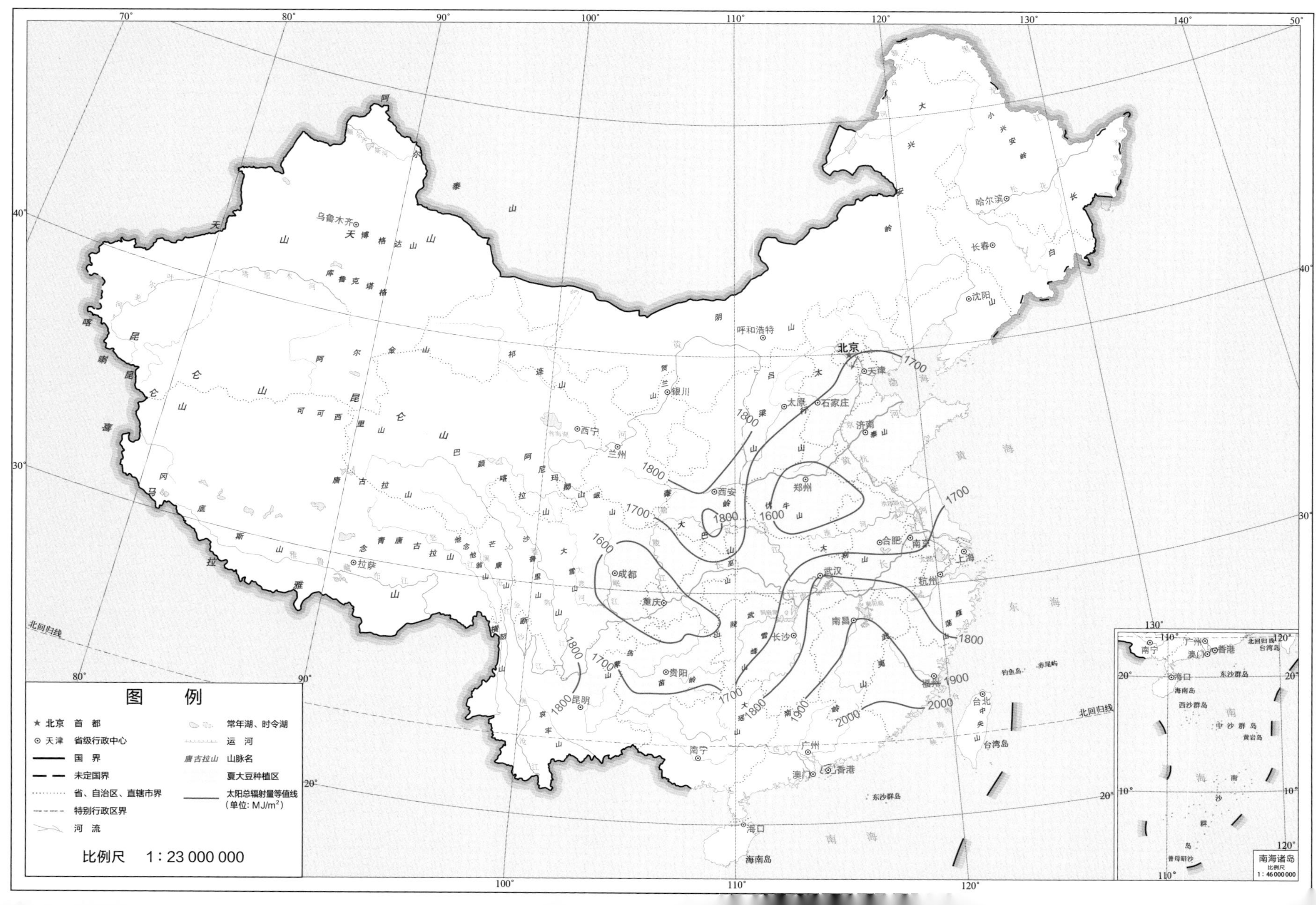

春大豆播种期—成熟期日照时数

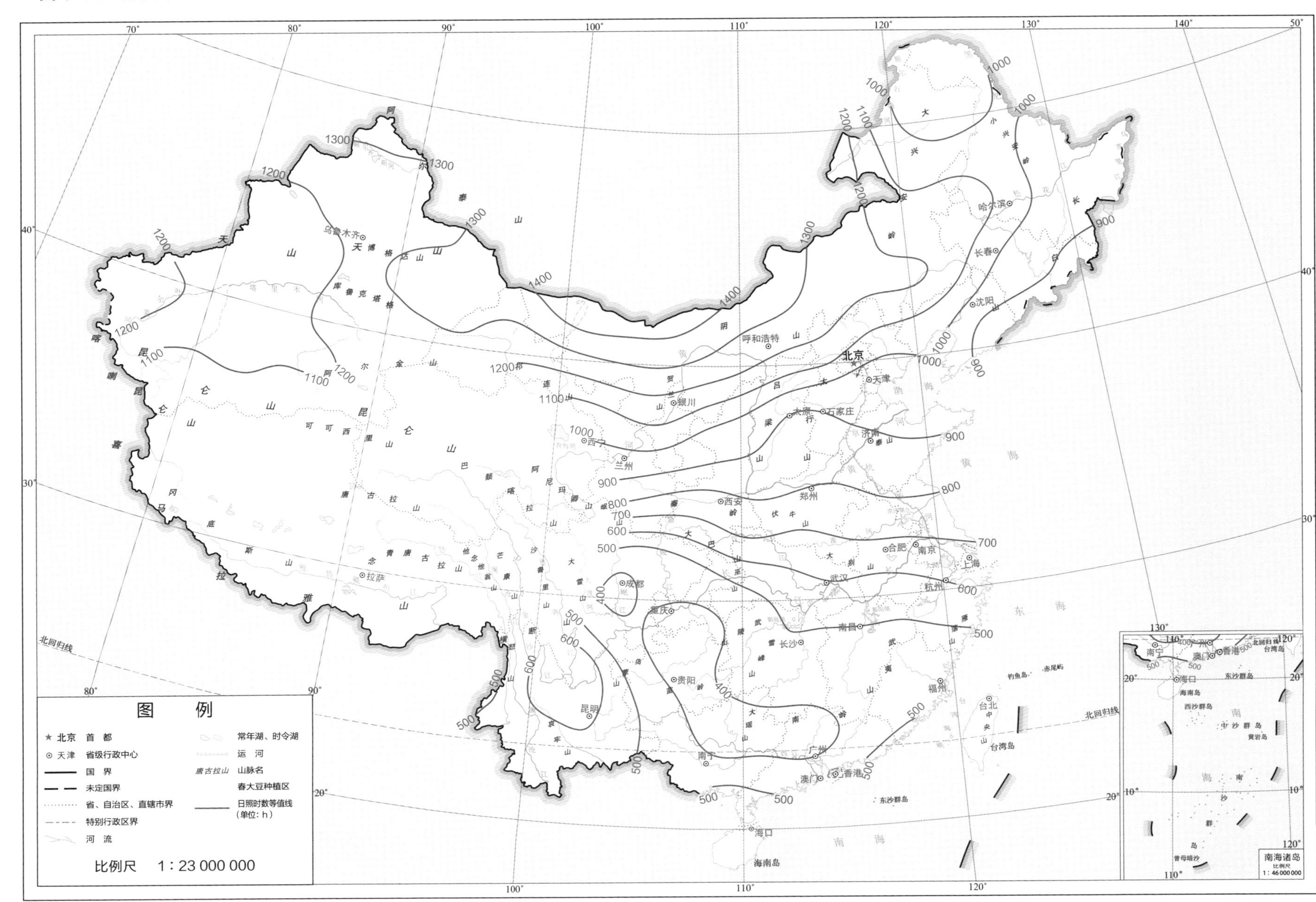

夏大豆播种期—成熟期日照时数

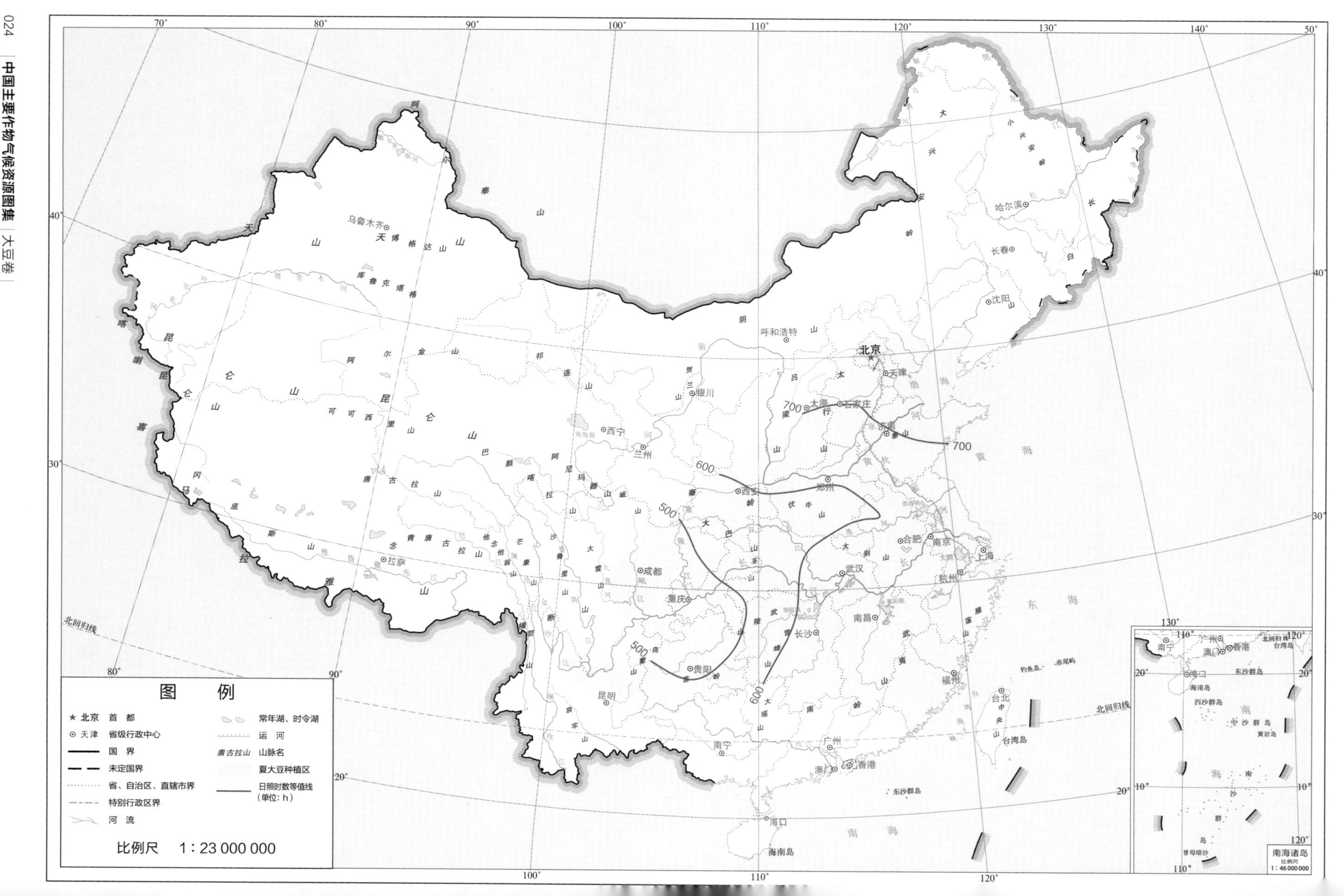

春大豆播种期—成熟期≥10℃积温

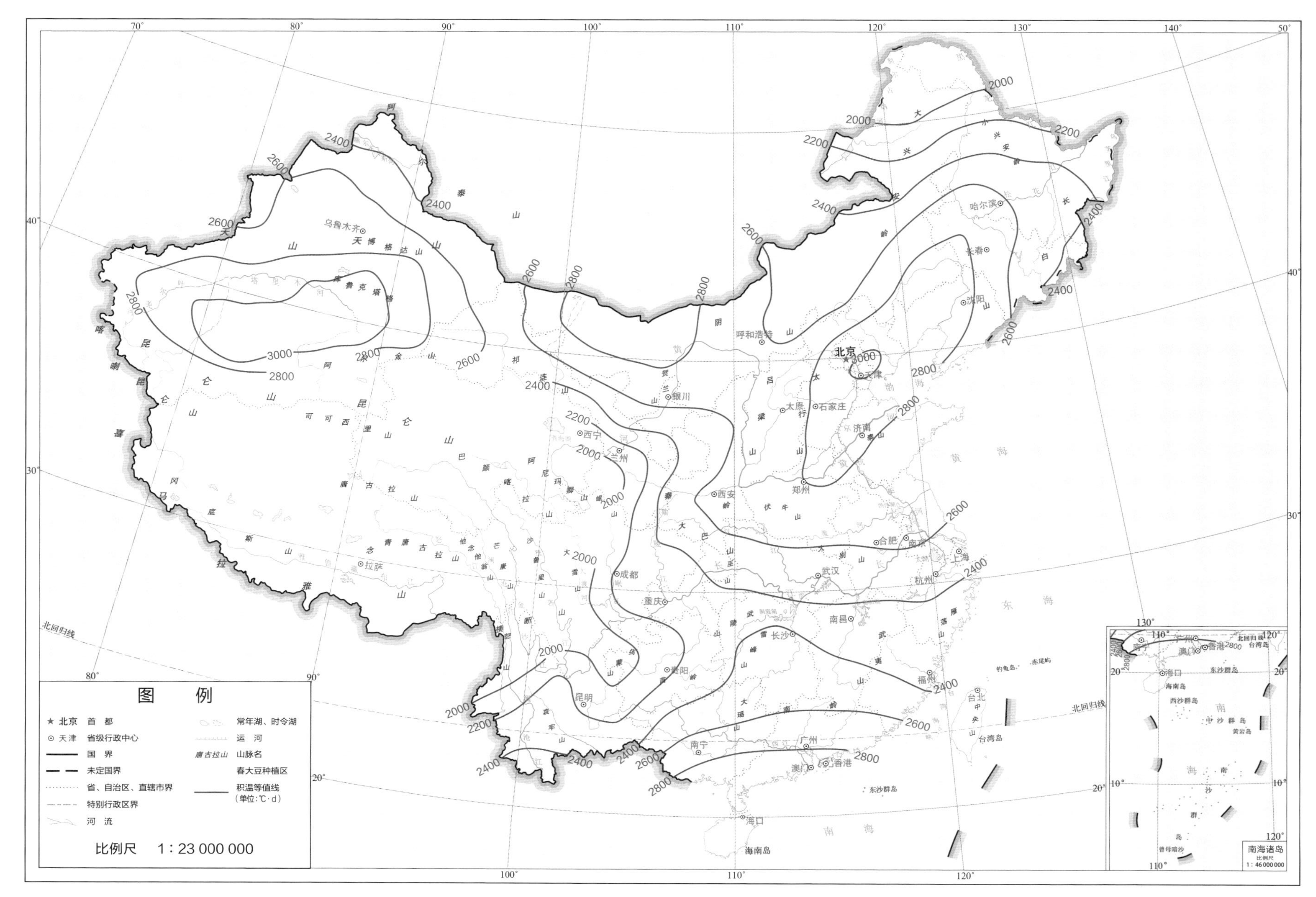

夏大豆播种期—成熟期≥10℃积温

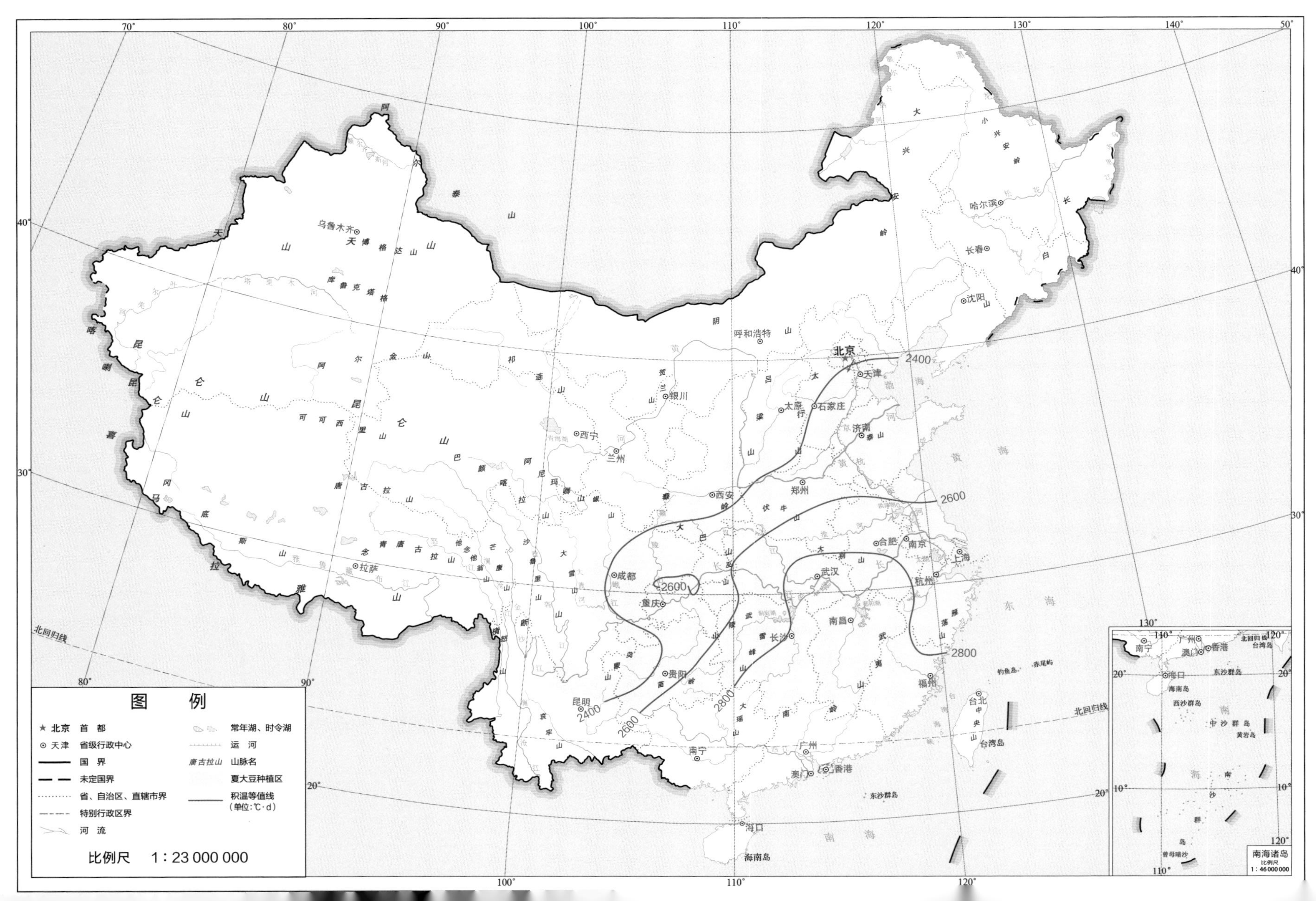

春大豆播种期—成熟期降水量

图例

★ 北京 首都
⊙ 天津 省级行政中心
国界
未定国界
省、自治区、直辖市界
特别行政区界
河流
常年湖、时令湖
运河
唐古拉山 山脉名
春大豆种植区
降水量等值线（单位：mm）

比例尺 1：23 000 000

南海诸岛
比例尺 1：46 000 000

夏大豆播种期—成熟期降水量

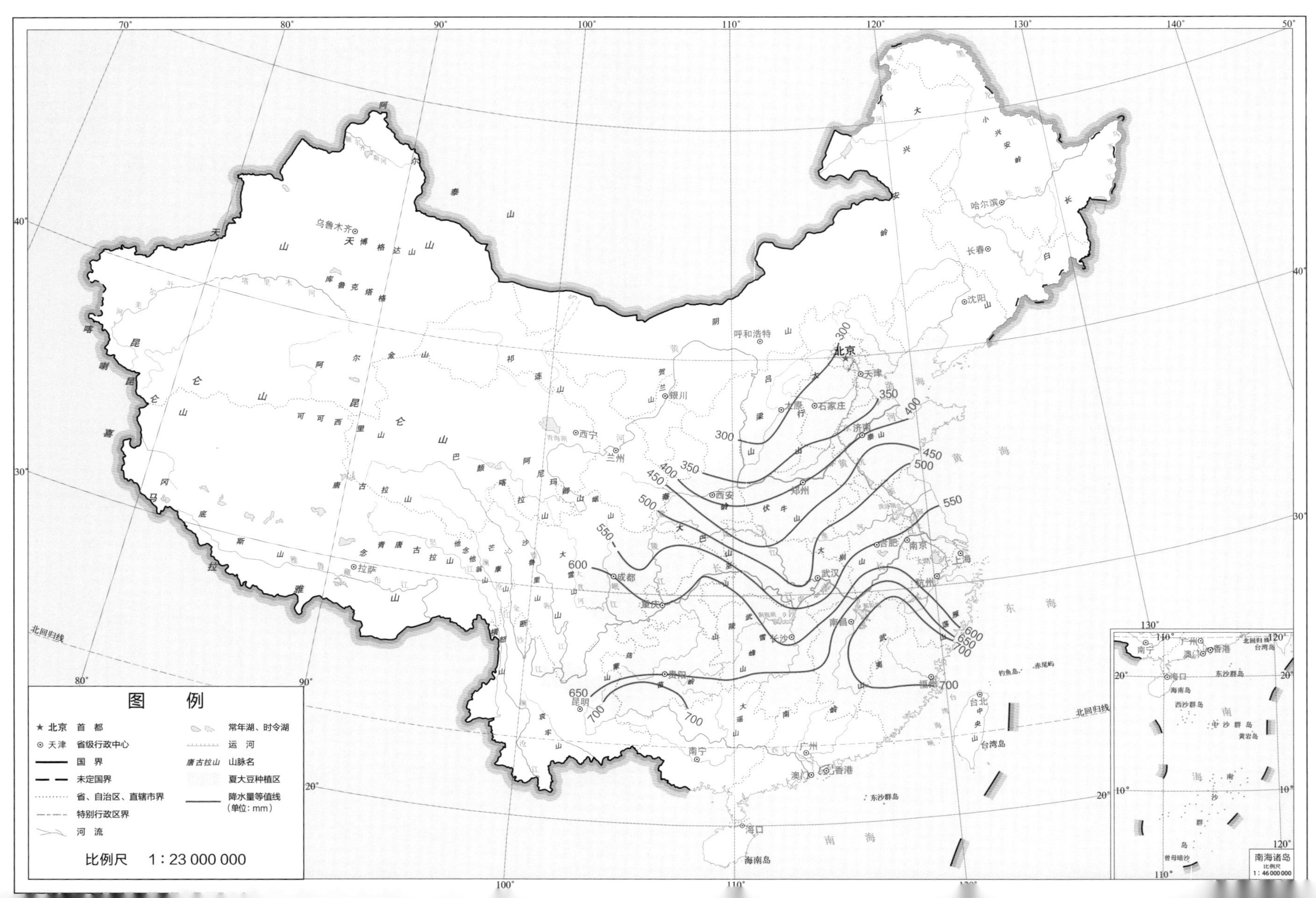

春大豆播种期—成熟期降水盈亏量

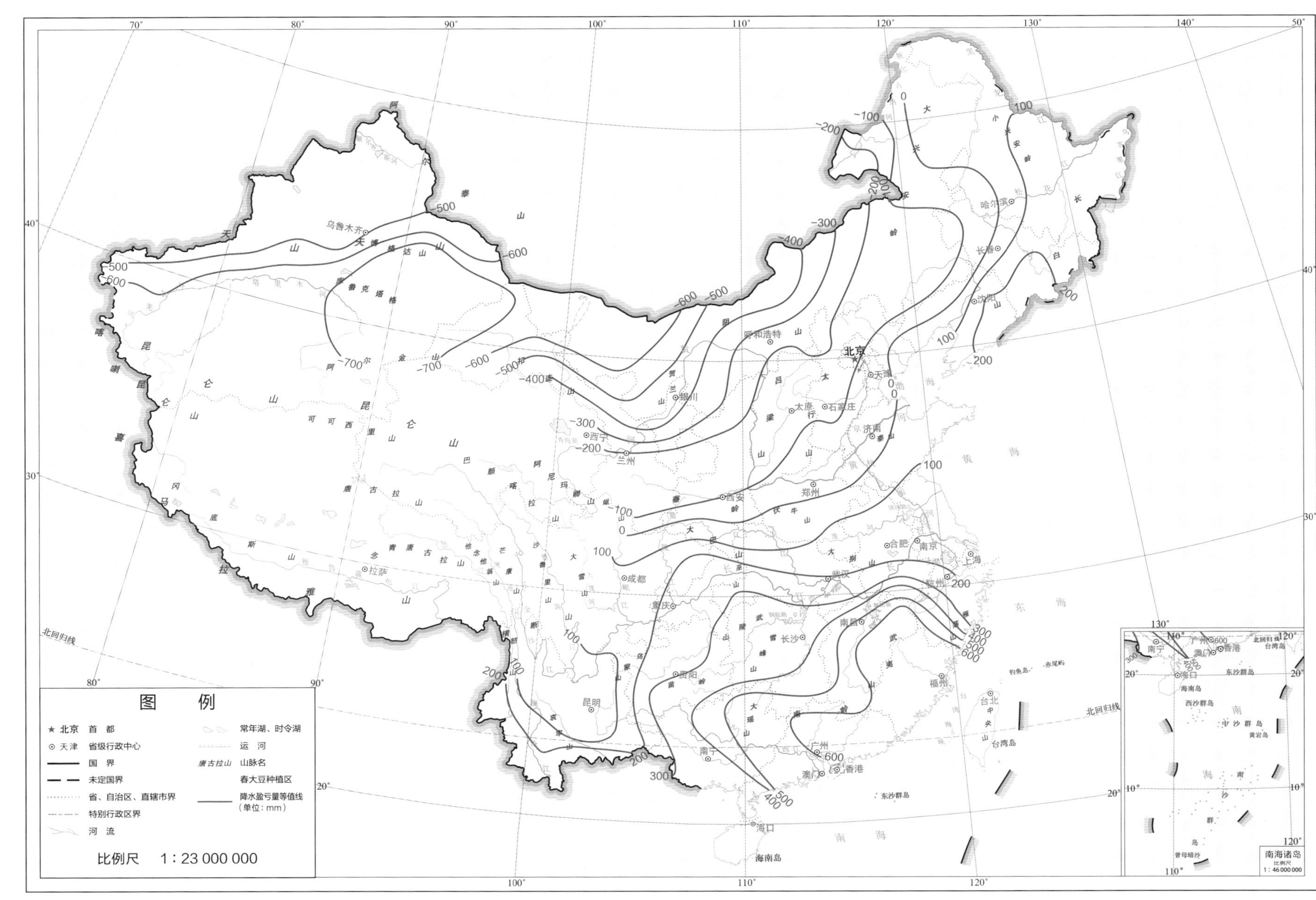

夏大豆播种期—成熟期降水盈亏量

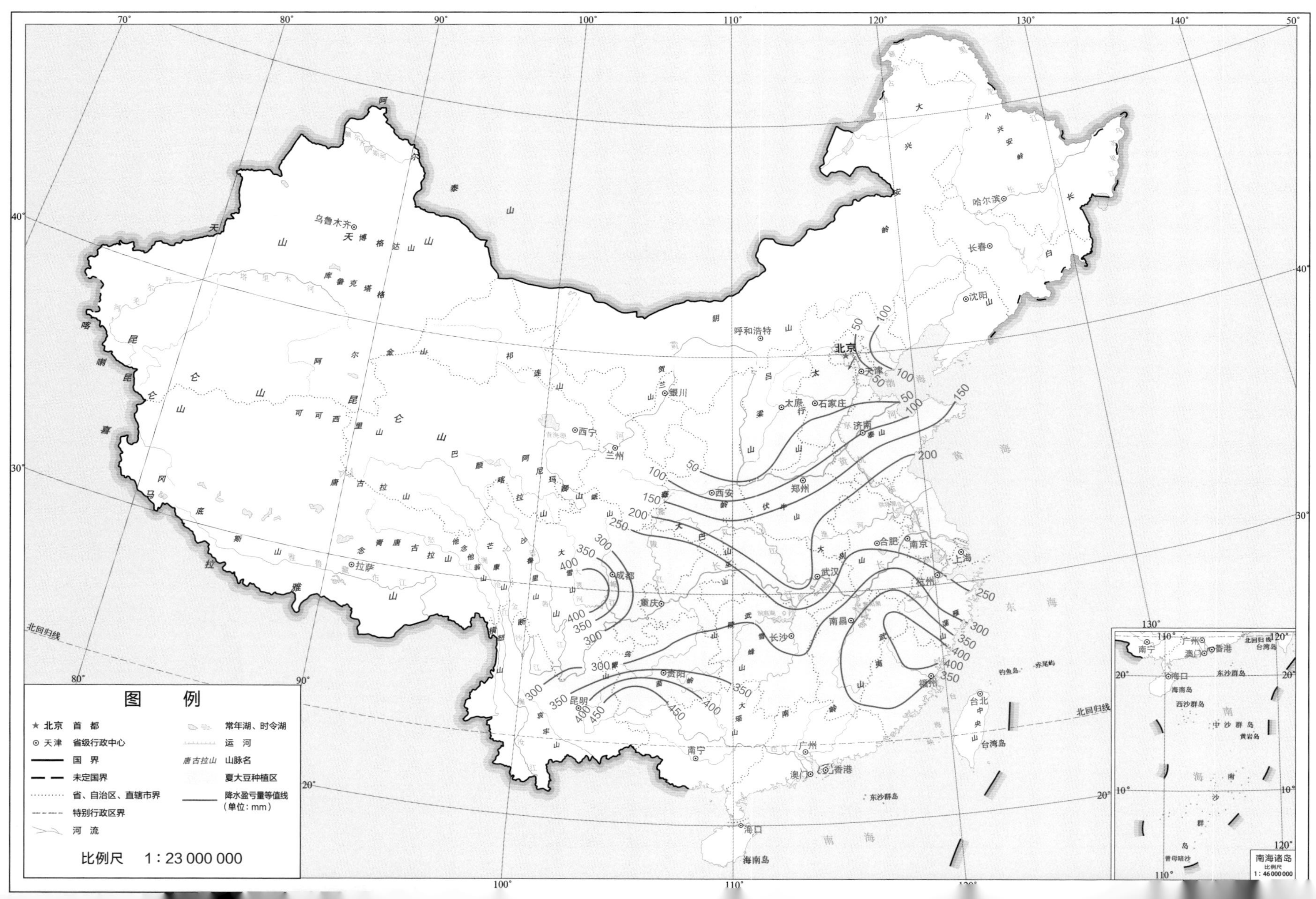

春大豆播种期—成熟期降水满足率

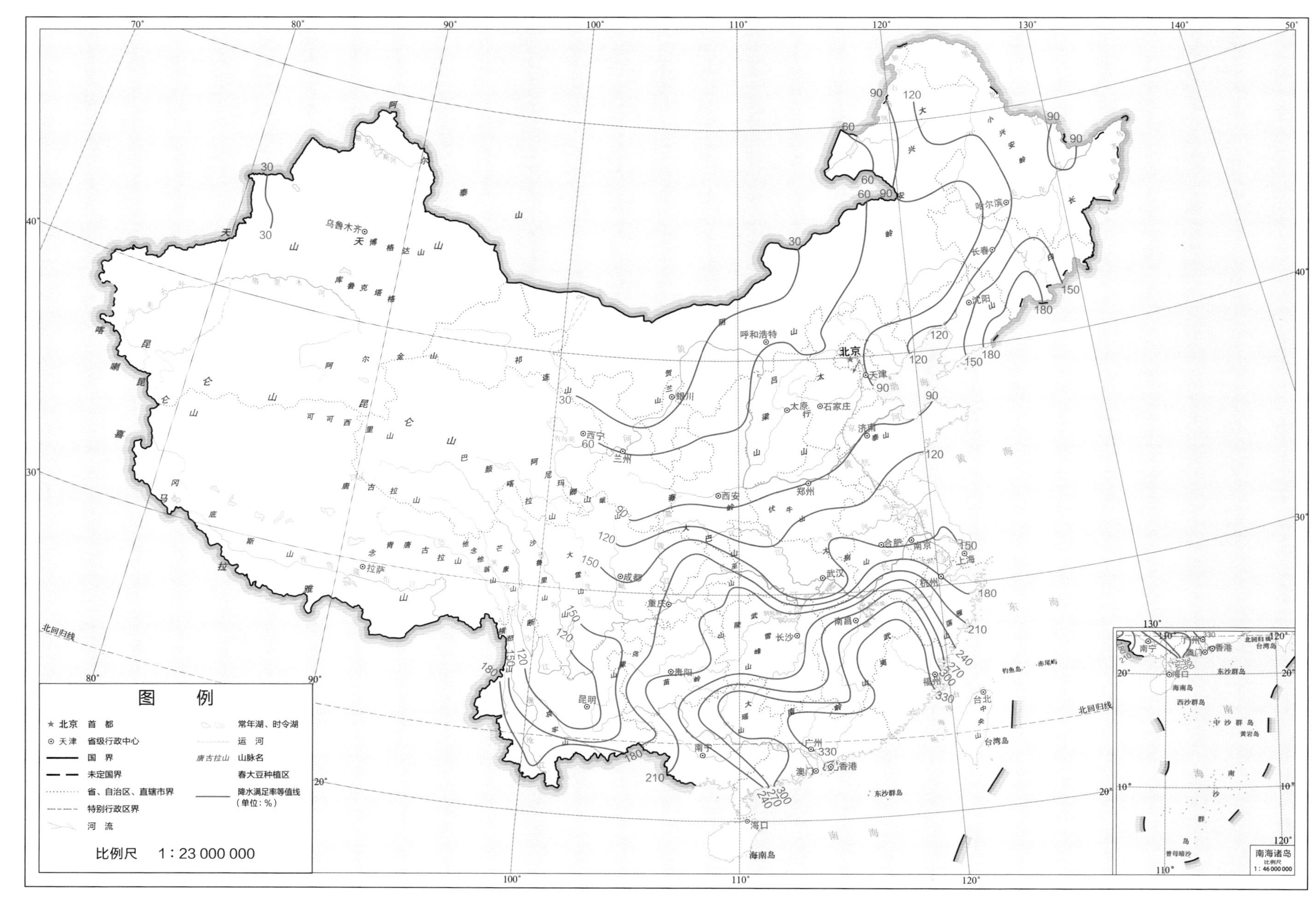

夏大豆播种期—成熟期降水满足率

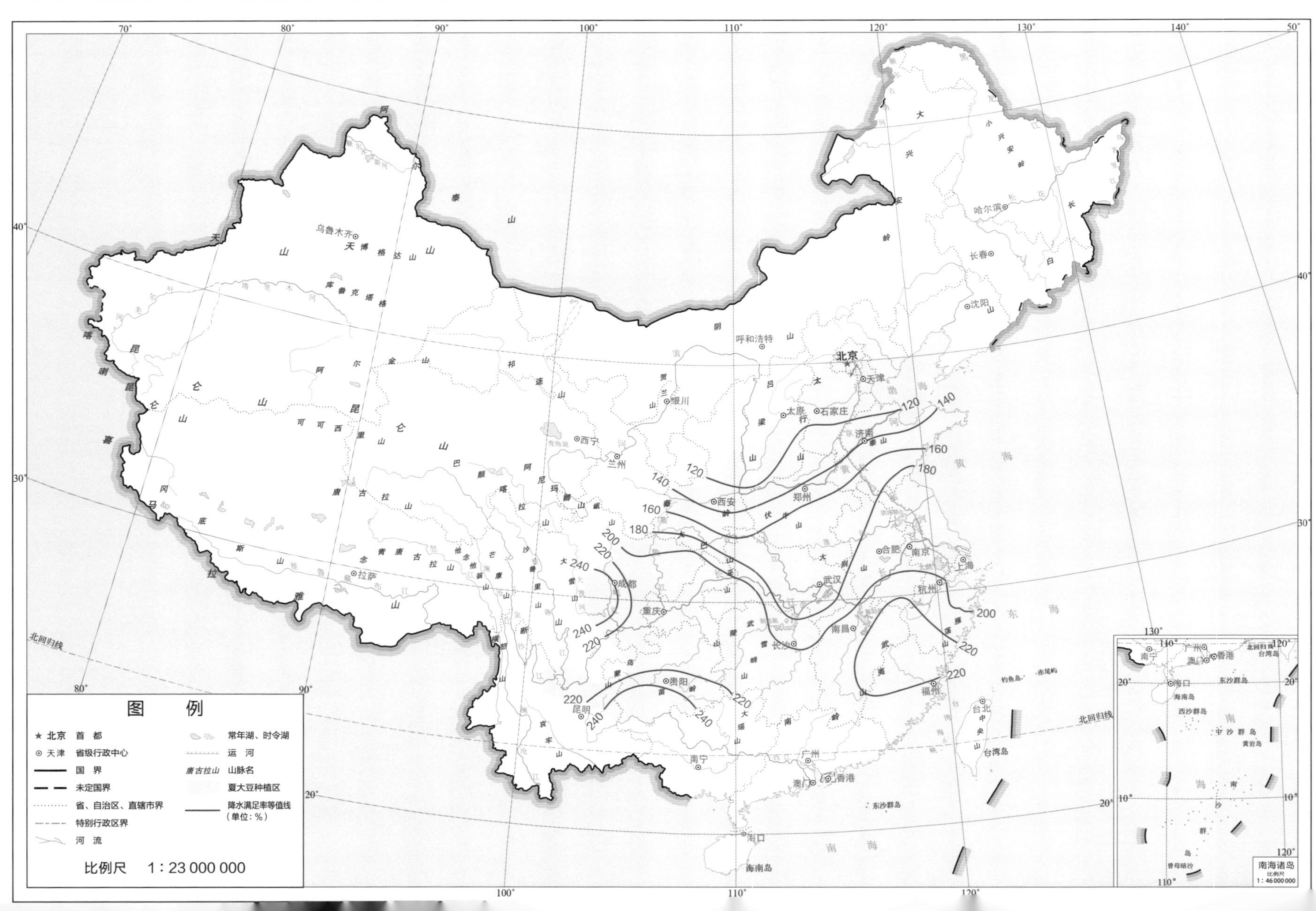

75%降水保证率春大豆播种期—成熟期降水量

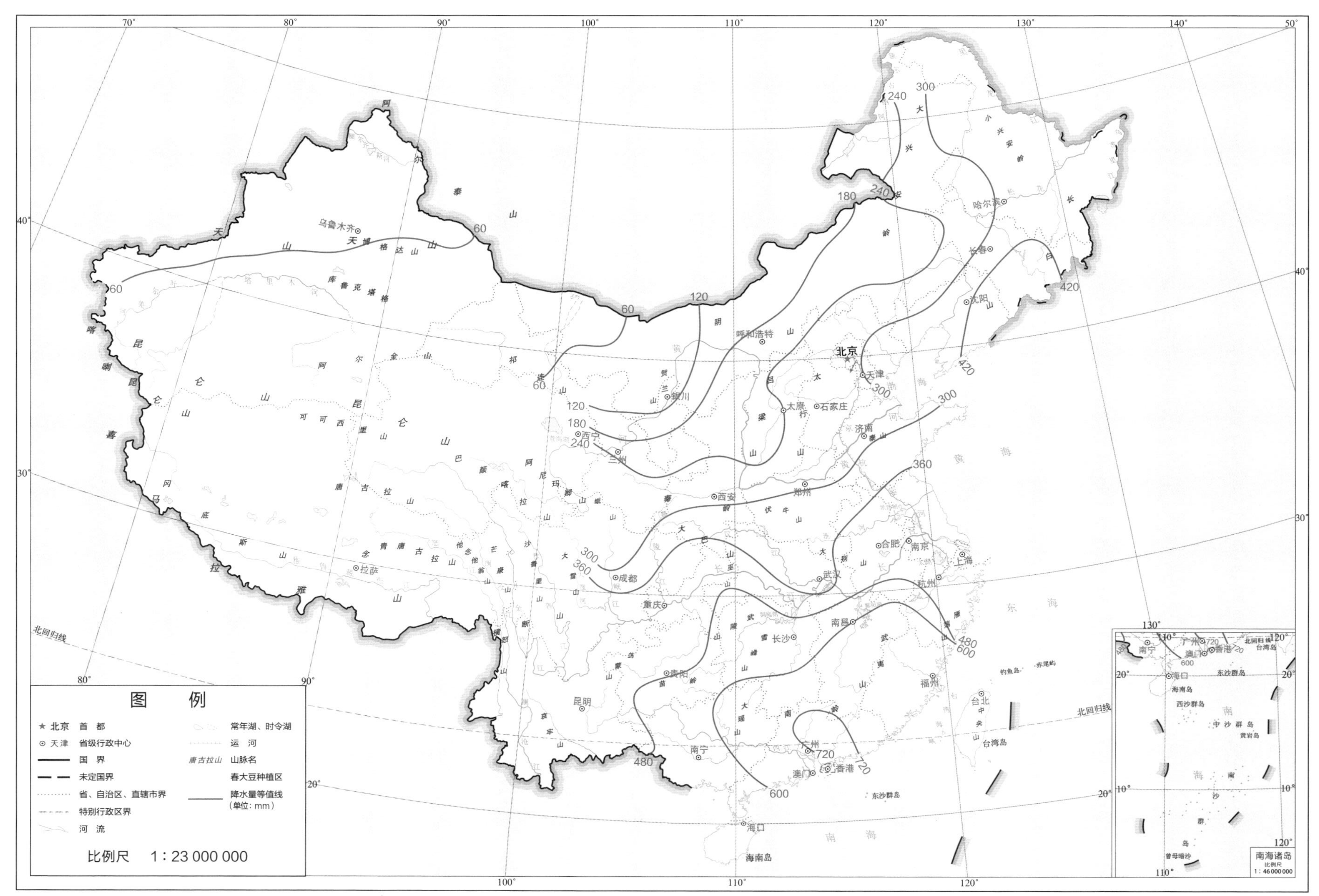

75%降水保证率夏大豆播种期—成熟期降水量

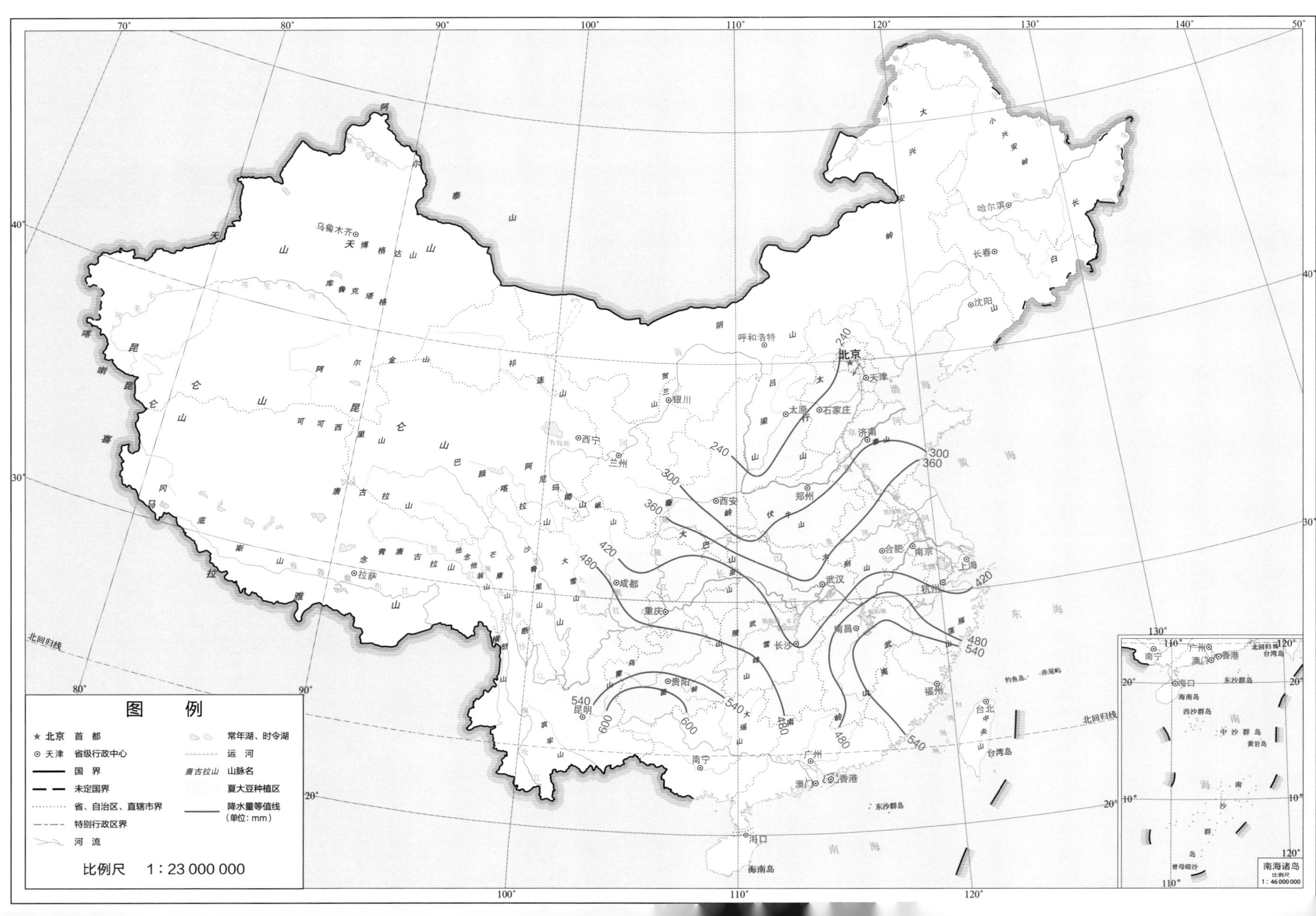

75%降水保证率春大豆播种期—成熟期降水盈亏量

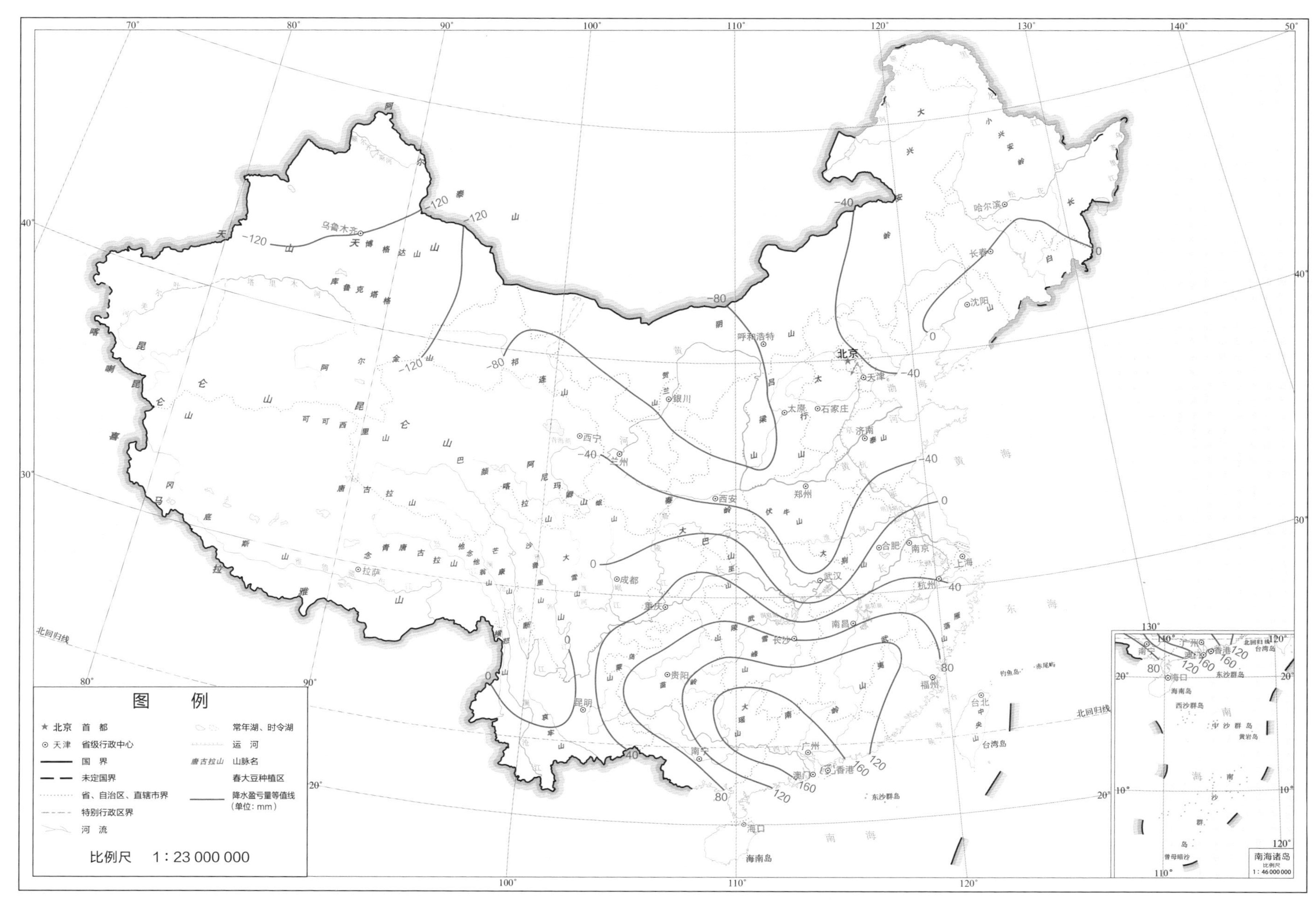

75%降水保证率夏大豆播种期—成熟期降水盈亏量

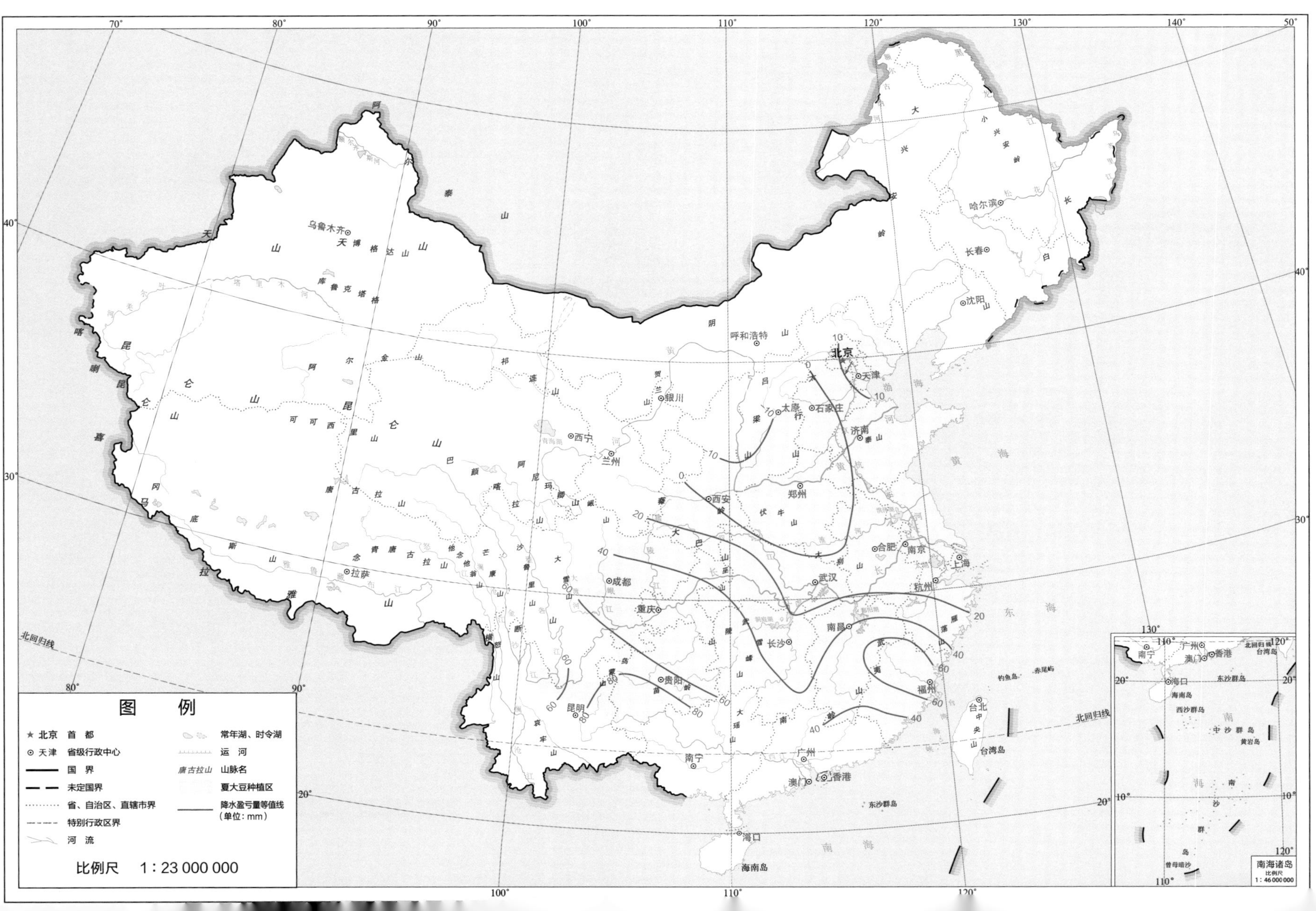

播种期—分枝期

播种期—分枝期包括播种、发芽、出苗和分枝。大豆从播种到发芽一般需要4～5 d，此时需要适当的温度条件和足够的水分、氧气。出苗时大豆地下部分比地上部分生长快5～7倍，在此阶段需要加强田间管理，合理密植，保持良好的通风条件，以培育壮苗。播种期—分枝期，光、温资源要能满足春大豆和夏大豆的生长需求。因春大豆播种期—分枝期日数比夏大豆要长，所以春大豆播种期—分枝期日照时数也比夏大豆多。我国春大豆播种期—分枝期日照时数由南到北，从＜100 h增加到＞500 h。夏大豆播种期—分枝期，四川、重庆、湖北西南部、湖南、江西中南部、浙江中南部的地区日照时数＜200 h，这些地区的日照时数随纬度增加逐渐增加到300 h。春大豆播种期—分枝期≥10 ℃积温从＜600 ℃·d增加到＞1000 ℃·d，贵州最低，内蒙古西北部最高。夏大豆播种期—分枝期≥10 ℃积温，四川＜800 ℃·d，陕西、湖北西部、湖南中西部及以西的地区积温从1000 ℃·d降到800 ℃·d；以东的地区，除沿海地区，积温＞1000 ℃·d。

良好的土壤墒情是大豆种子萌发的必要条件。若缺水，则种子不能膨胀发芽；若水分过多，则种子容易霉烂。大豆苗期比较耐旱，一定的干旱有利于蹲苗，可使根系深扎，根冠比增大，但是严重的干旱将影响幼苗的构建。水分过多或造成土壤缺氧，根系沿着土壤表层生长，不利于根系的健康生长。春大豆播种期—分枝期，四川、湖北、安徽中南部、江苏南部及以南的地区（除云南和贵州西部外），降水出现盈余，能满足大豆生长的需求；以内蒙古西部和甘肃西北部为中心，降水出现亏缺，不能满足大豆生长的需求。福建、江西、湖南东南部和广东东部降水盈余（＞150 mm）最多，内蒙古西部和甘肃西北部降水亏缺（＞250 mm）最多。夏大豆播种期—分枝期，除陕西富县和山西吉县周边，其余种植区皆降水盈余，能满足大豆生长的需求，降水盈余量从东南到西北呈现减少的趋势。福建北部和江西东北部降水盈余（＞240 mm）最多。对于播种期—分枝期的干旱，可采用选取抗旱品种、保水剂拌种、调整播种期和覆盖栽培等防旱抗旱措施。对于播种期—分枝期水分过多引起的涝渍，可采用选取抗涝品种、改平播为垄播、及时排水、喷施细胞分裂素类化学调控物质和增施硝态氮肥等防涝抗涝的措施。

春大豆播种期—分枝期日照时数

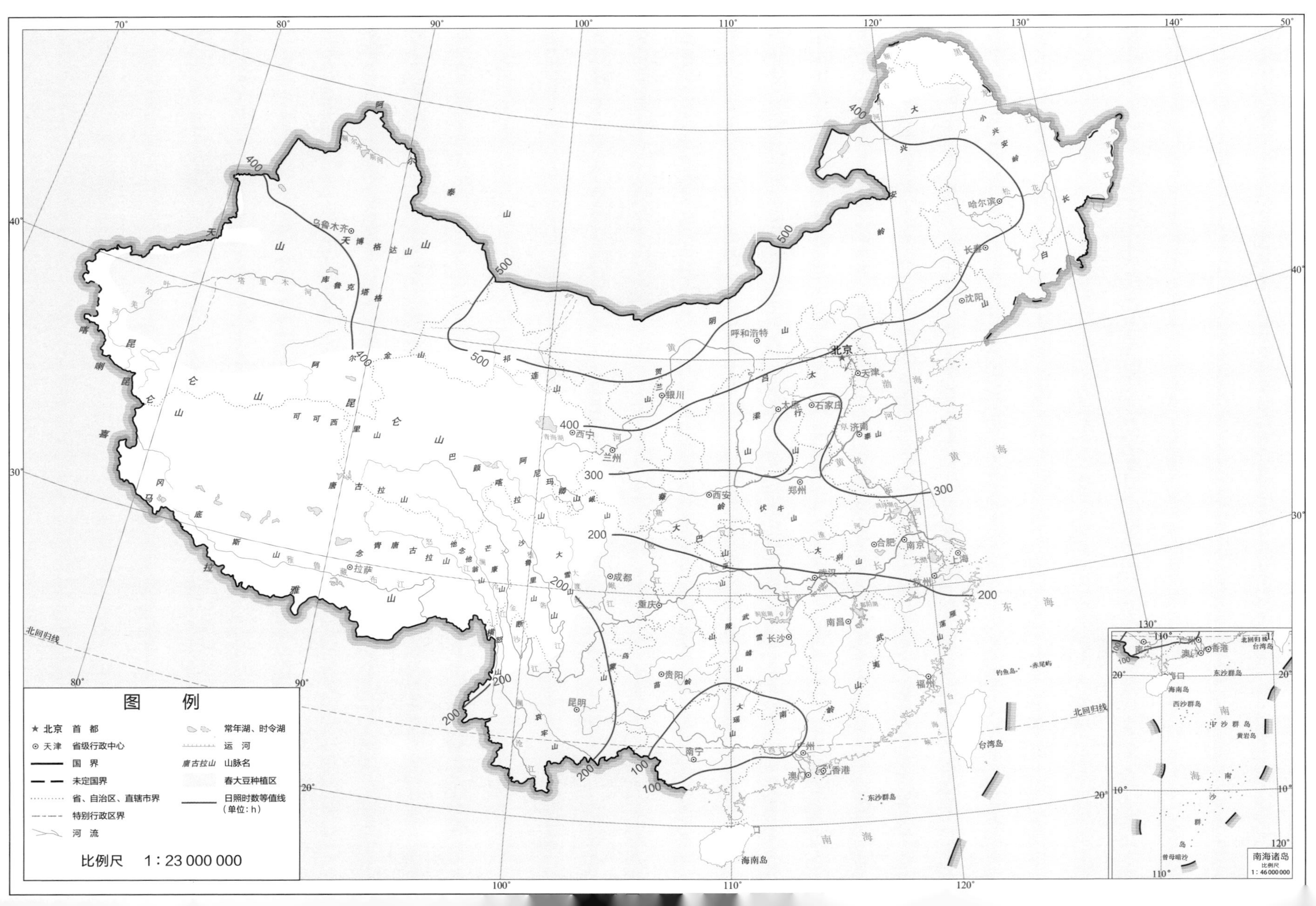

夏大豆播种期—分枝期日照时数

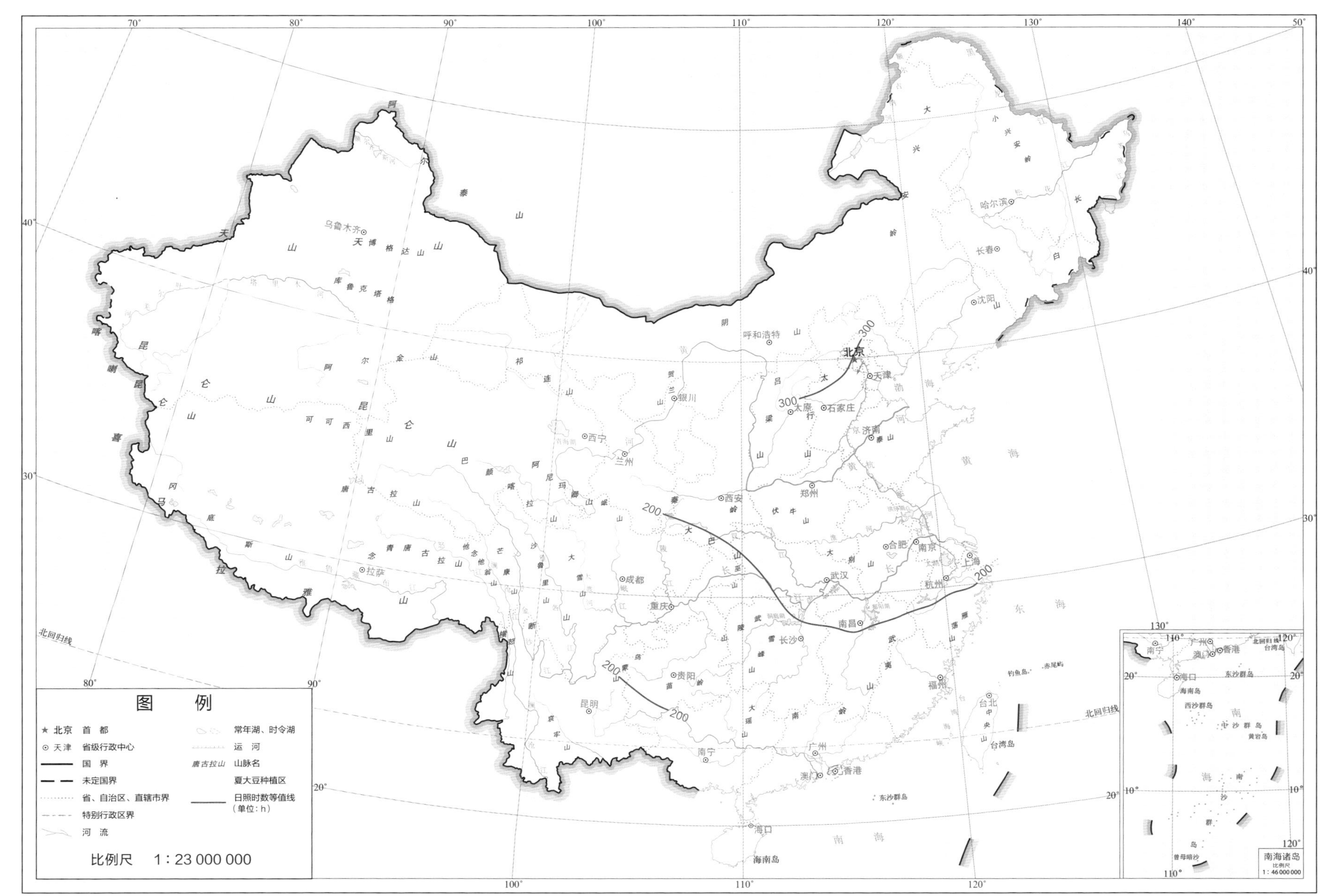

春大豆播种期—分枝期≥10℃积温

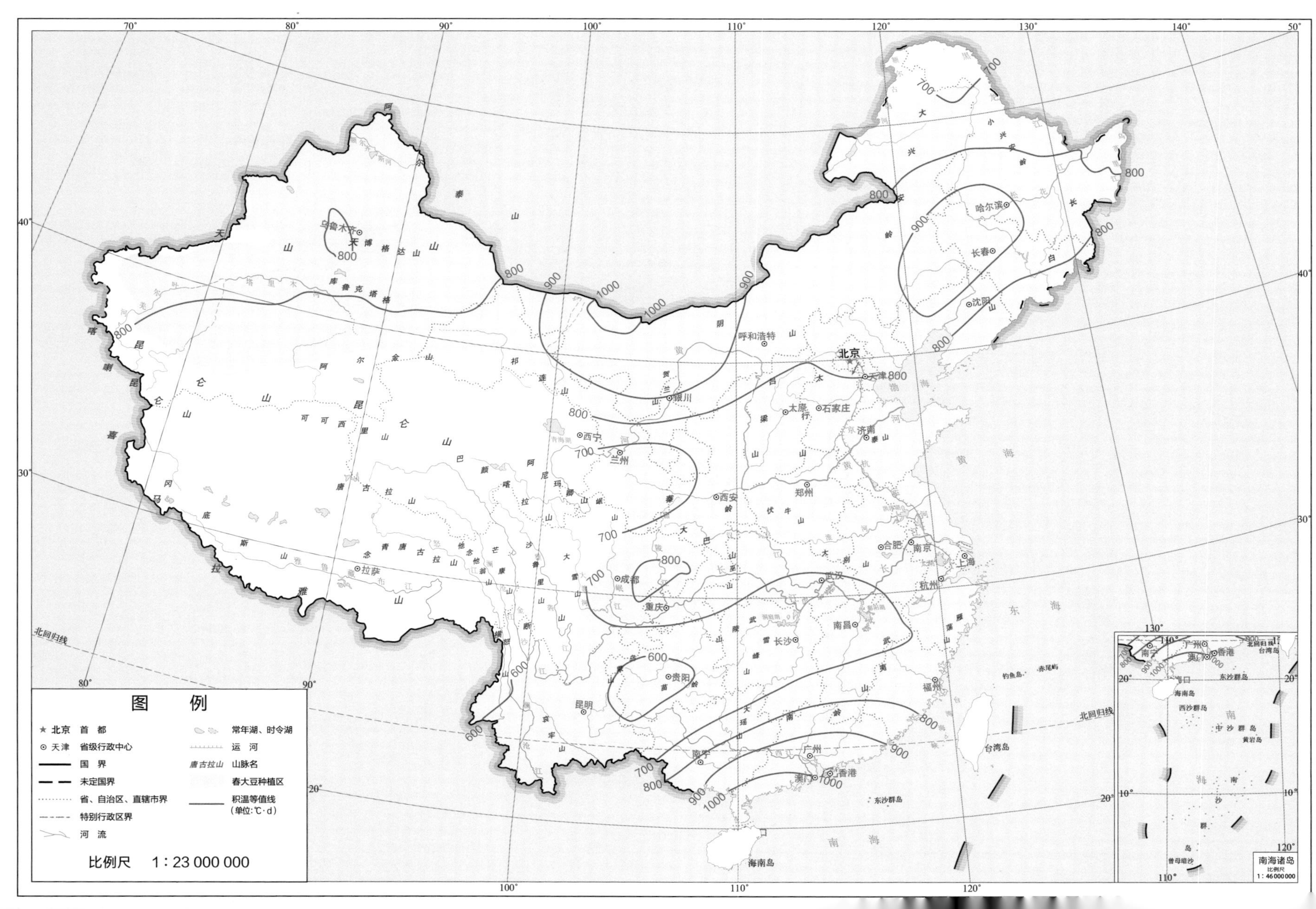

夏大豆播种期—分枝期≥10℃积温

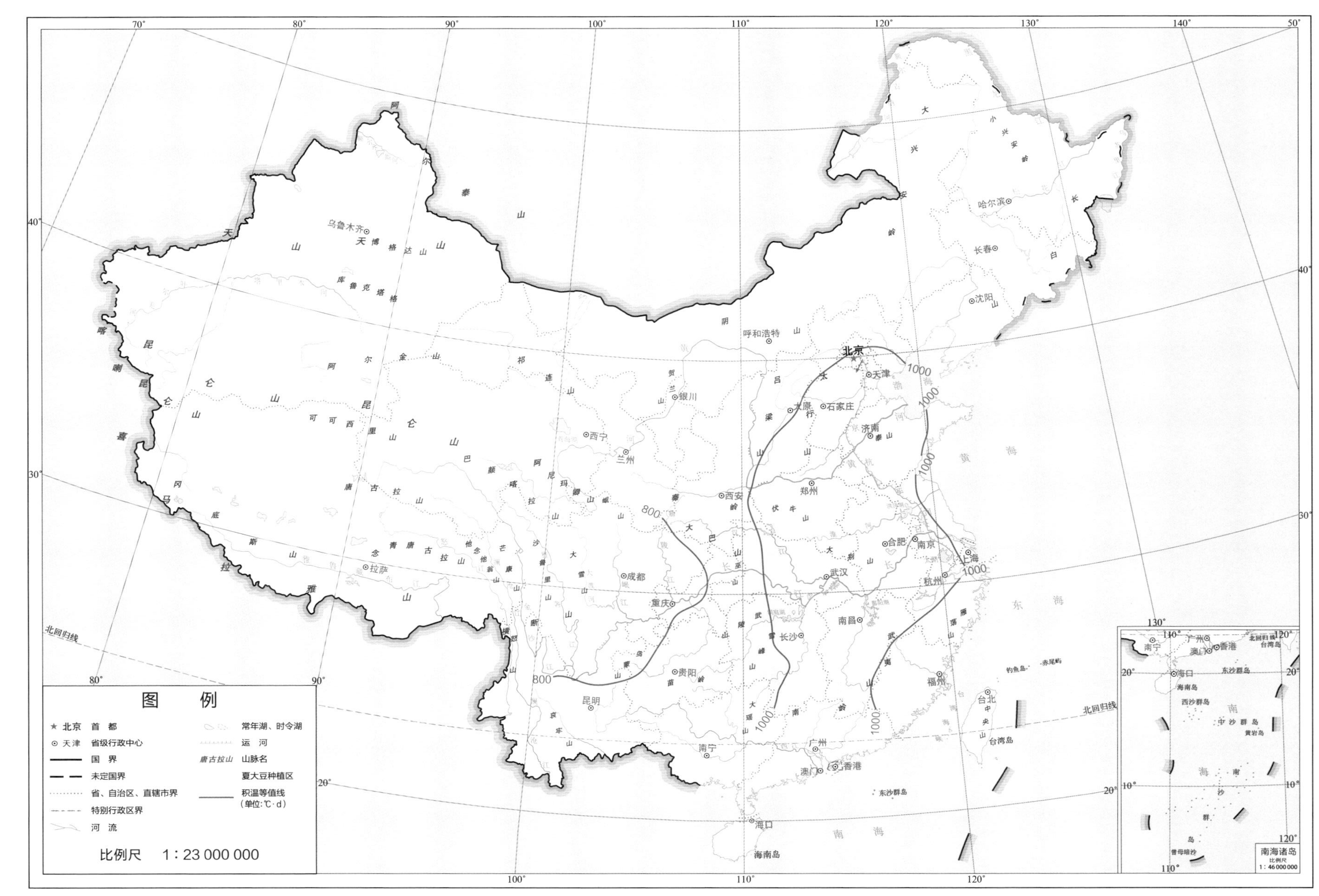

春大豆播种期—分枝期降水量

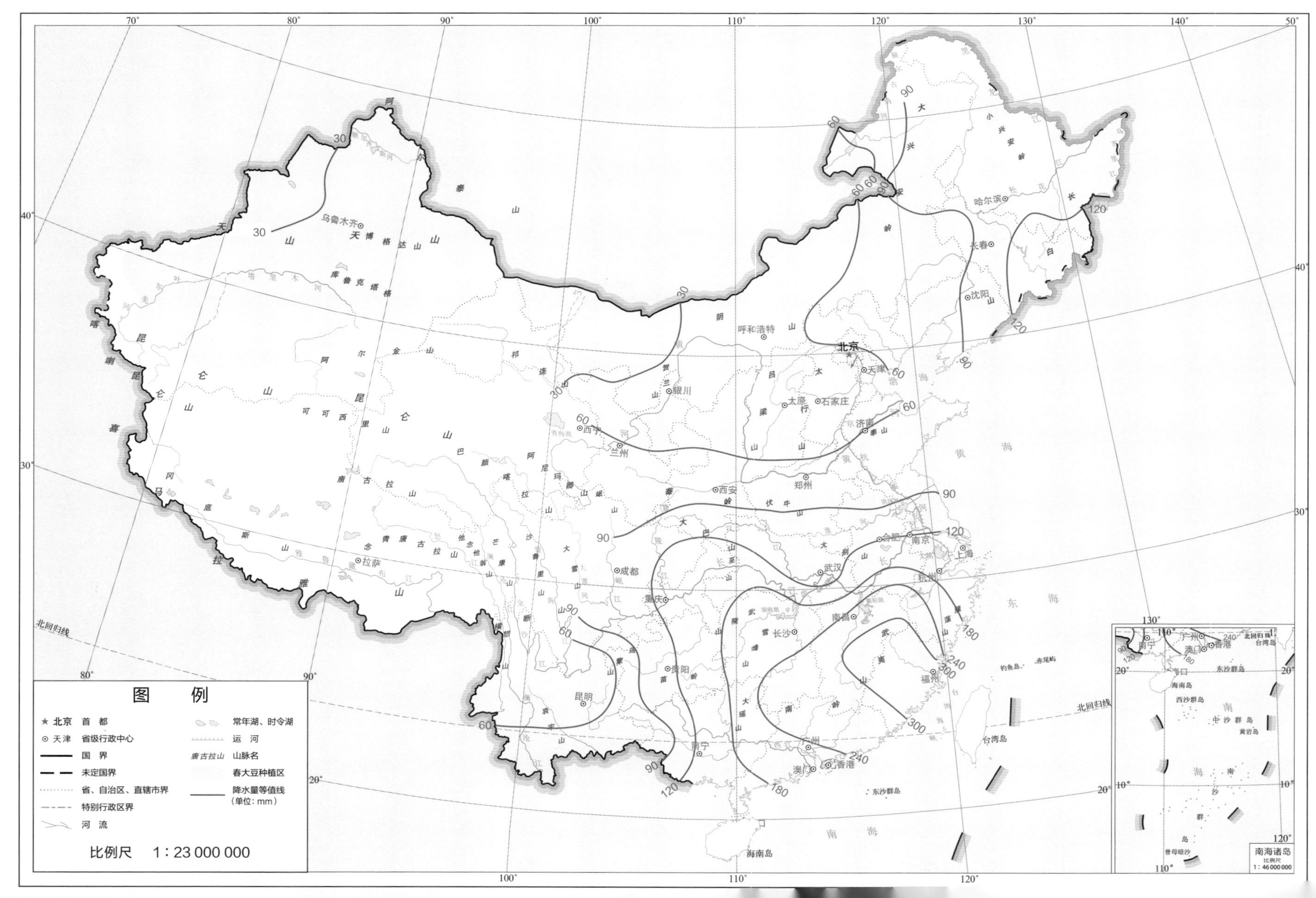

夏大豆播种期—分枝期降水量

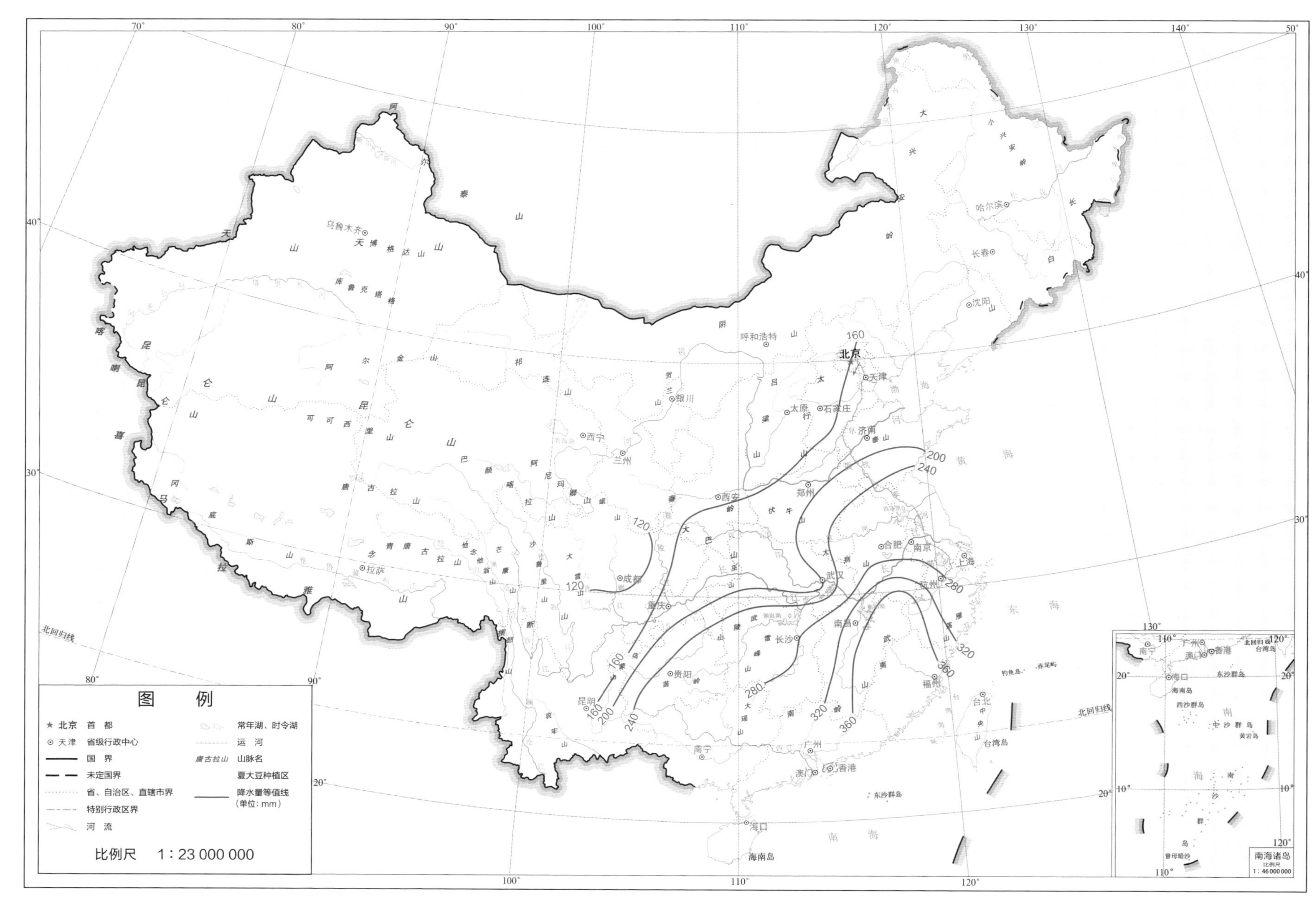

春大豆播种期—分枝期降水盈亏量

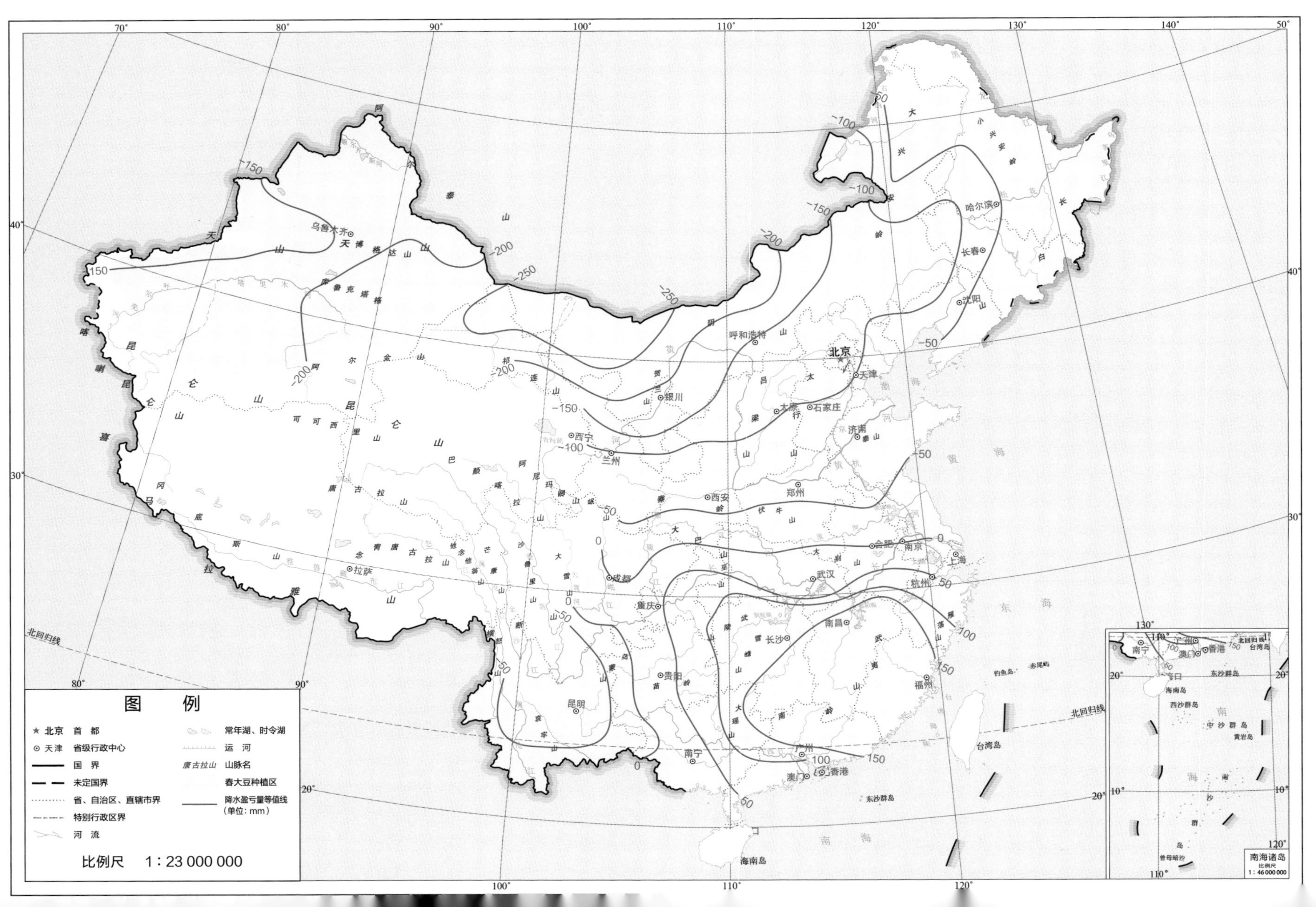

夏大豆播种期—分枝期降水盈亏量

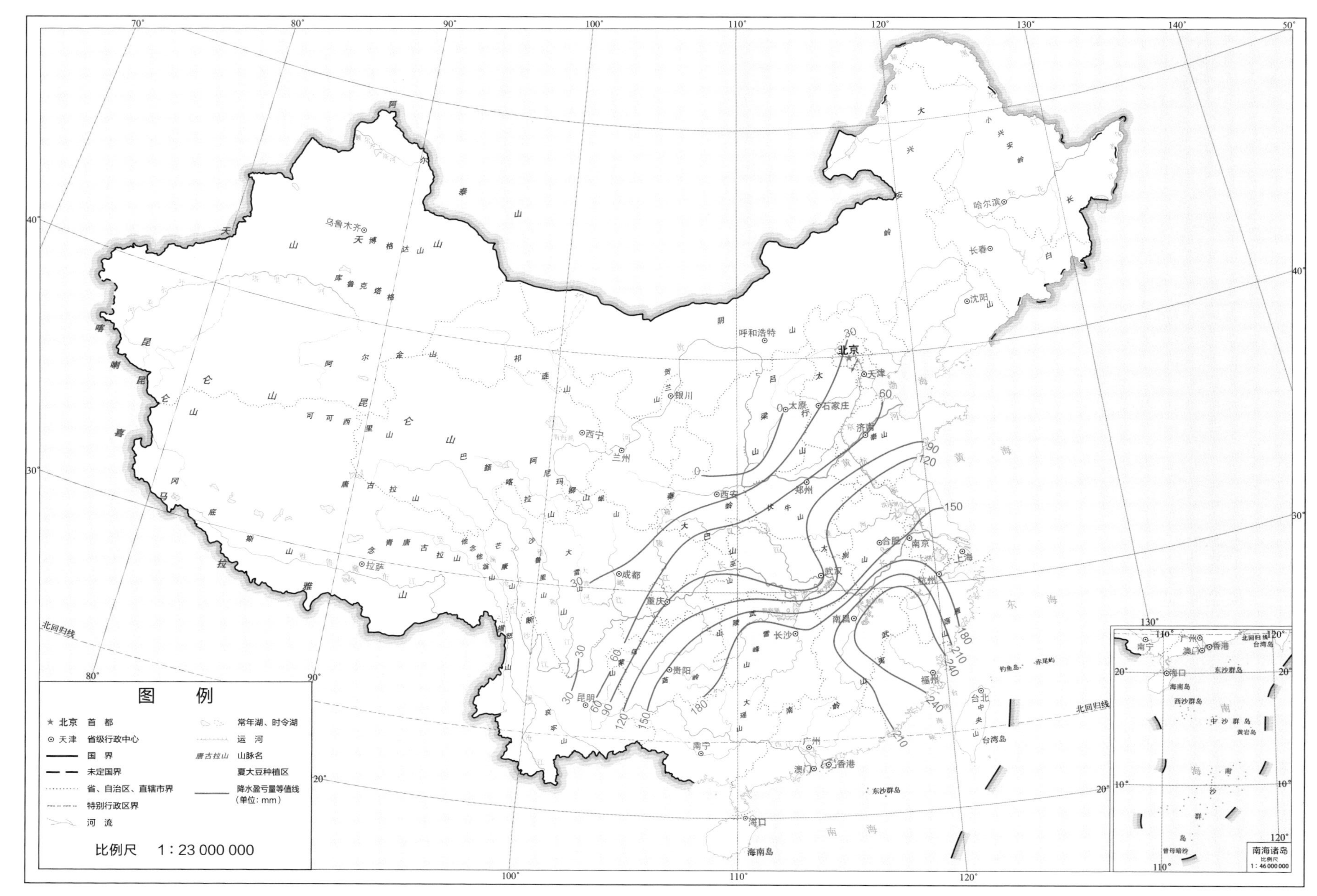

分枝期—开花期

开花是大豆光、温反应的关键指标之一，是重要的农艺性状和育种目标，对大豆的产量、品质和适应性至关重要。开花标志着大豆由营养生长向生殖生长的重要转变，是整合外界环境因子（如光、温度）和植物本身内源信号的外在表现。大多数植物必须经过一定时间的日照后才能开花。在分枝期—开花期，光、温资源应能满足春大豆和夏大豆的生长需求。春大豆分枝期—开花期日照时数从＜100 h增加到＞300 h，我国大部分地区在200 h左右。山东、河北和新疆部分地区日照时数最长，东北东部最短。夏大豆分枝期—开花期日照时数从＜50 h增加到＞100 h。贵州遵义周边日照时数最短，福建南部日照时数最长。春大豆分枝期—开花期≥10 ℃积温从＜200 ℃·d增加到＞1000 ℃·d，吉林东北部≥10 ℃积温最低，武汉南部、河北南部、广西南部和广东南部≥10 ℃积温则较高。夏大豆分枝期—开花期≥10 ℃积温从＜300 ℃·d增加到＞500 ℃·d，江苏北部、安徽北部、河南、陕西中部、山西南部和河北≥10 ℃积温＜300 ℃·d，湖南南部、江西南部和福建中南部≥10 ℃积温则较高。

分枝期—开花期是大豆生长的旺盛时期。这个时期植株生长最快，需水量逐渐增大，缺水会限制植株的繁茂和花芽分化，而过多的水分会使茎叶生长过旺、蕾铃脱落。初花期后，大豆的需水量逐渐增加，大豆营养生长和生殖生长同时进行，缺水和水分过多都会导致生殖细胞形成障碍，花蕾败育，豆荚脱落，造成瘪荚少粒。在春大豆的种植区域内，四川、湖北、河南南部、安徽和江苏以及以南的地区，降水出现盈余，能满足大豆生长的需求；以北、以西的地区（除黑龙江、吉林、辽宁和内蒙古东北部），以新疆西南部为中心，降水出现亏缺，不能满足大豆生长的需求。广州周边降水盈余（＞240 mm）最多，新疆西南部降水亏缺（＞150 mm）最多。夏大豆分枝期—开花期，均降水盈余，能满足大豆对水分的需求。盈余量从南到北呈减少的趋势，福建中部盈余（＞120 mm）最多，陕西、山西、河北西部和河南西北部盈余（＜20 mm）最少。对于分枝期—开花期的干旱，要开展合理灌溉，采用喷灌、微灌等节水技术；施用有机肥和无机肥，以肥调水；喷施化学调控抗旱物质。对于分枝期—开花期的涝渍，及时排出田间积水是抗涝救灾的根本措施，可机械或人工开沟排水，对无法靠沟渠排水的地方，合理使用水泵或人工进行排水。排水后，要中耕散墒和培土，破除土壤板结，增强抗涝能力。

春大豆分枝期—开花期日照时数

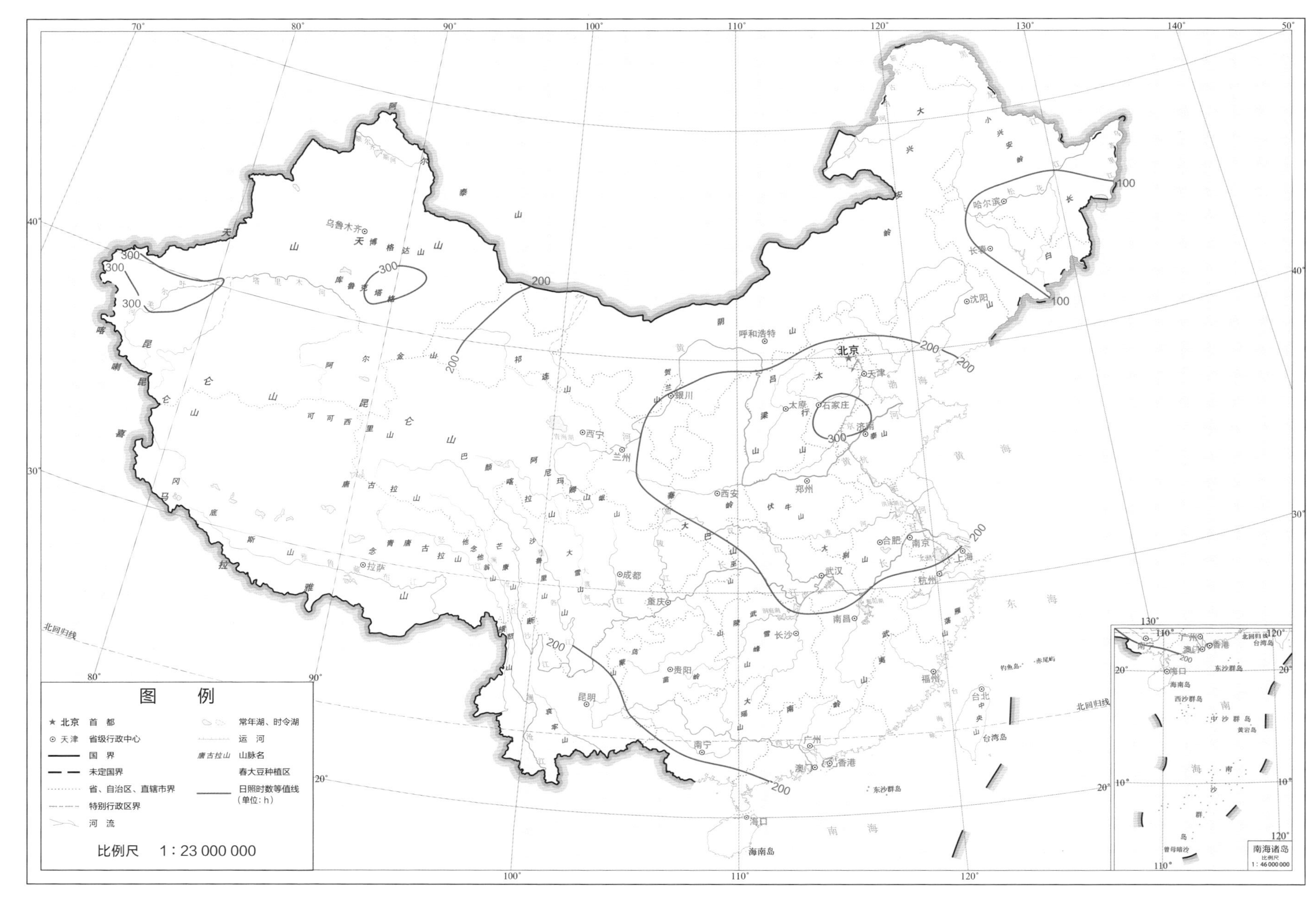

夏大豆分枝期—开花期日照时数

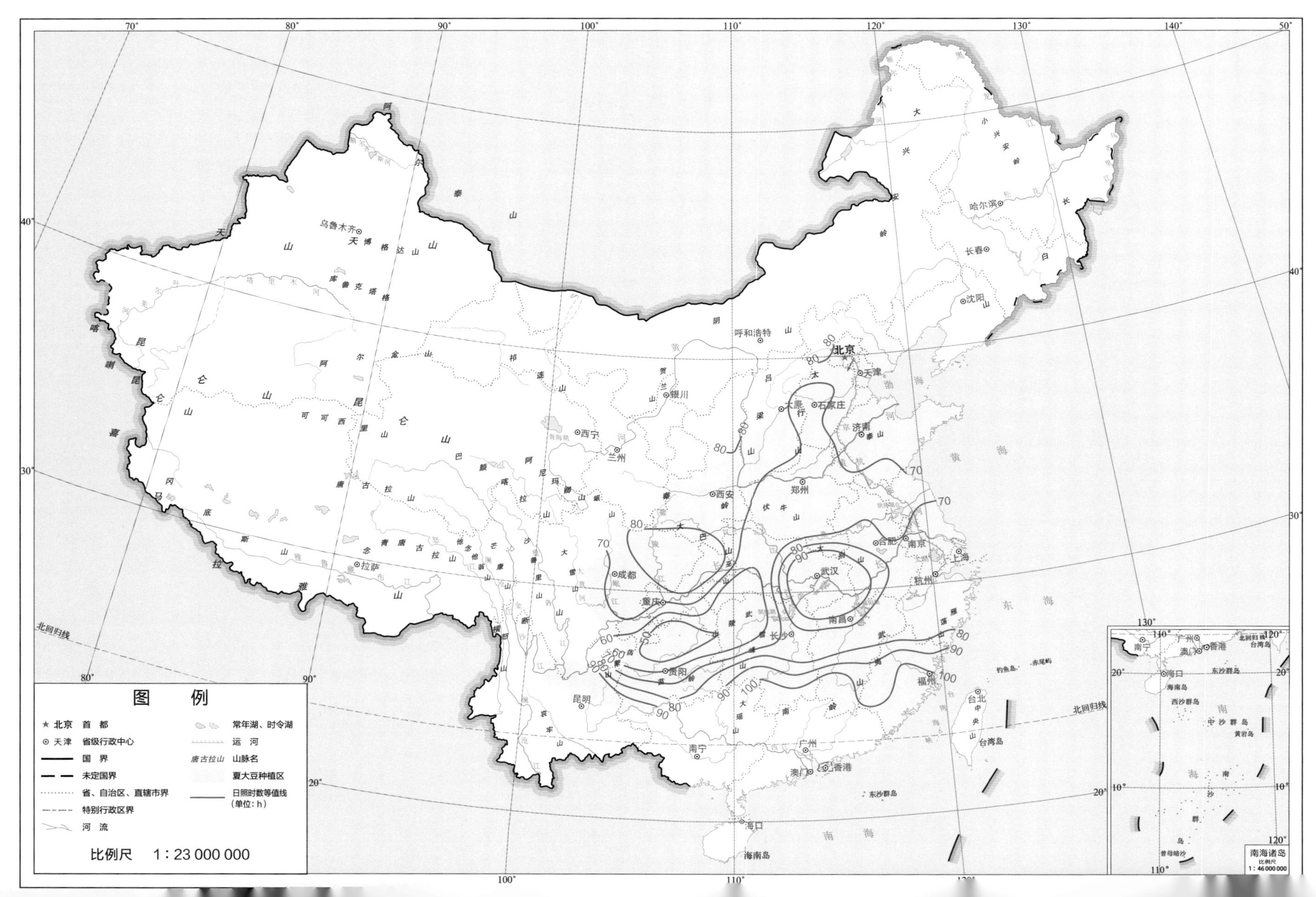

春大豆分枝期—开花期≥10℃积温

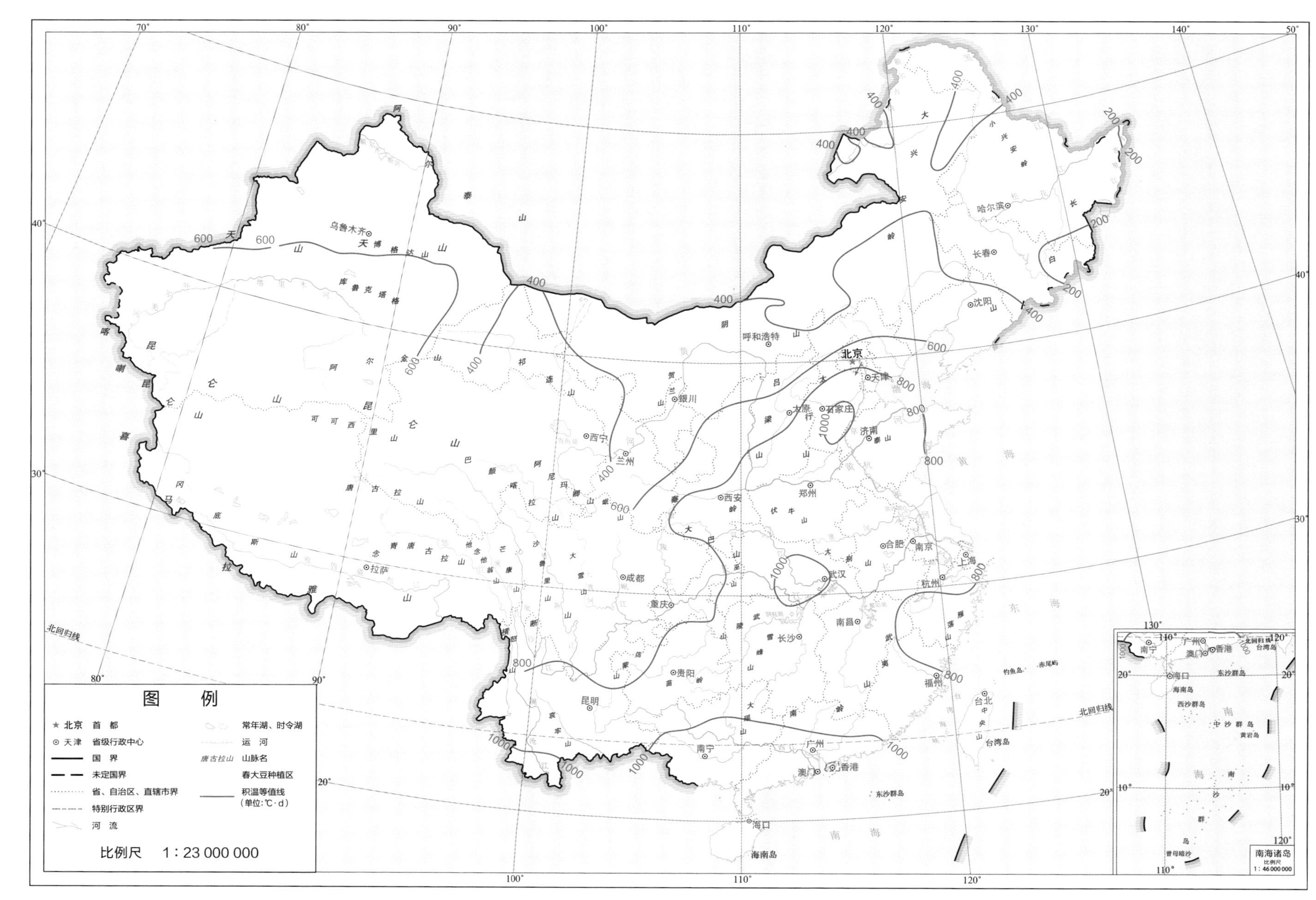

夏大豆分枝期—开花期≥10℃积温

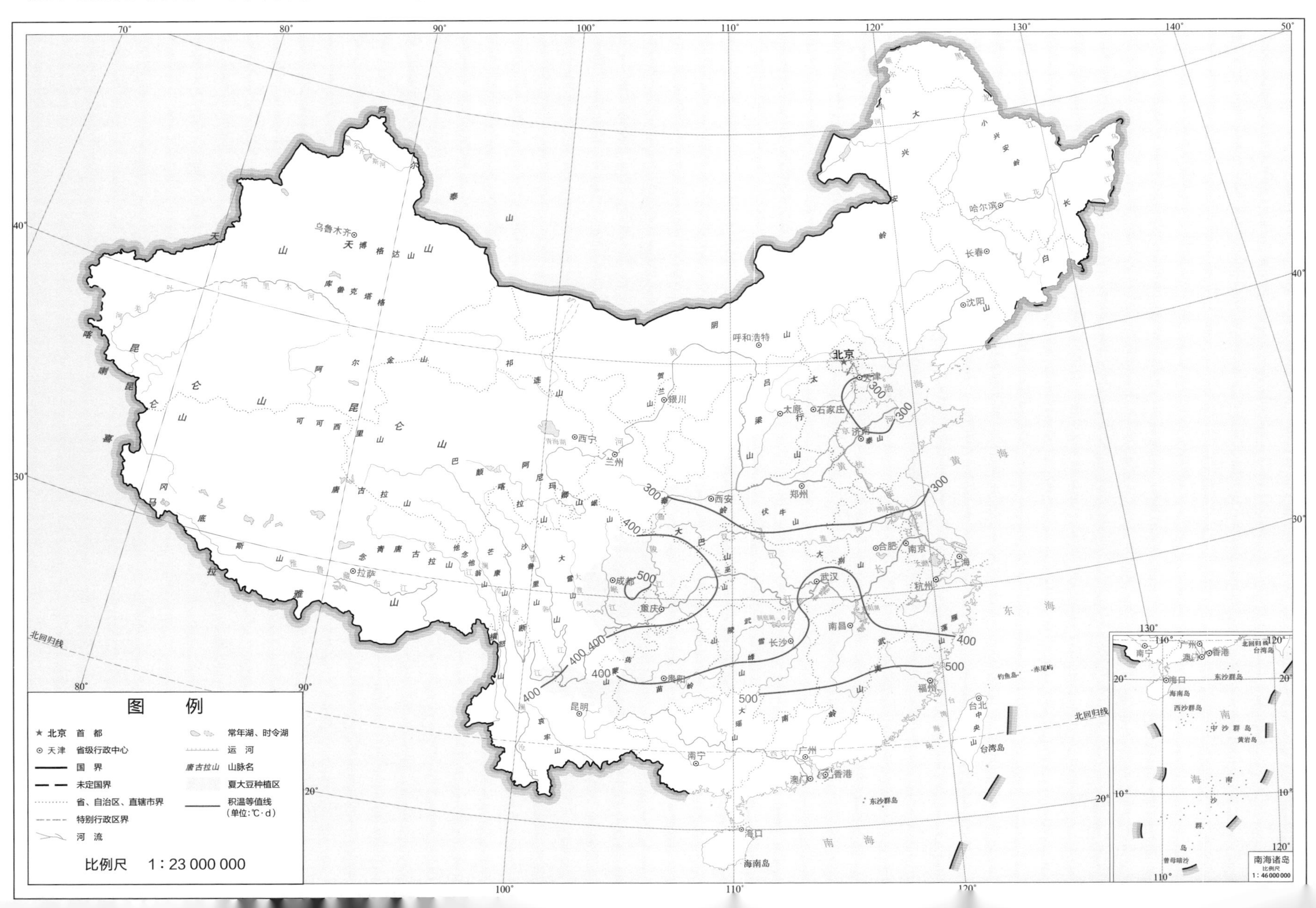

春大豆分枝期—开花期降水量

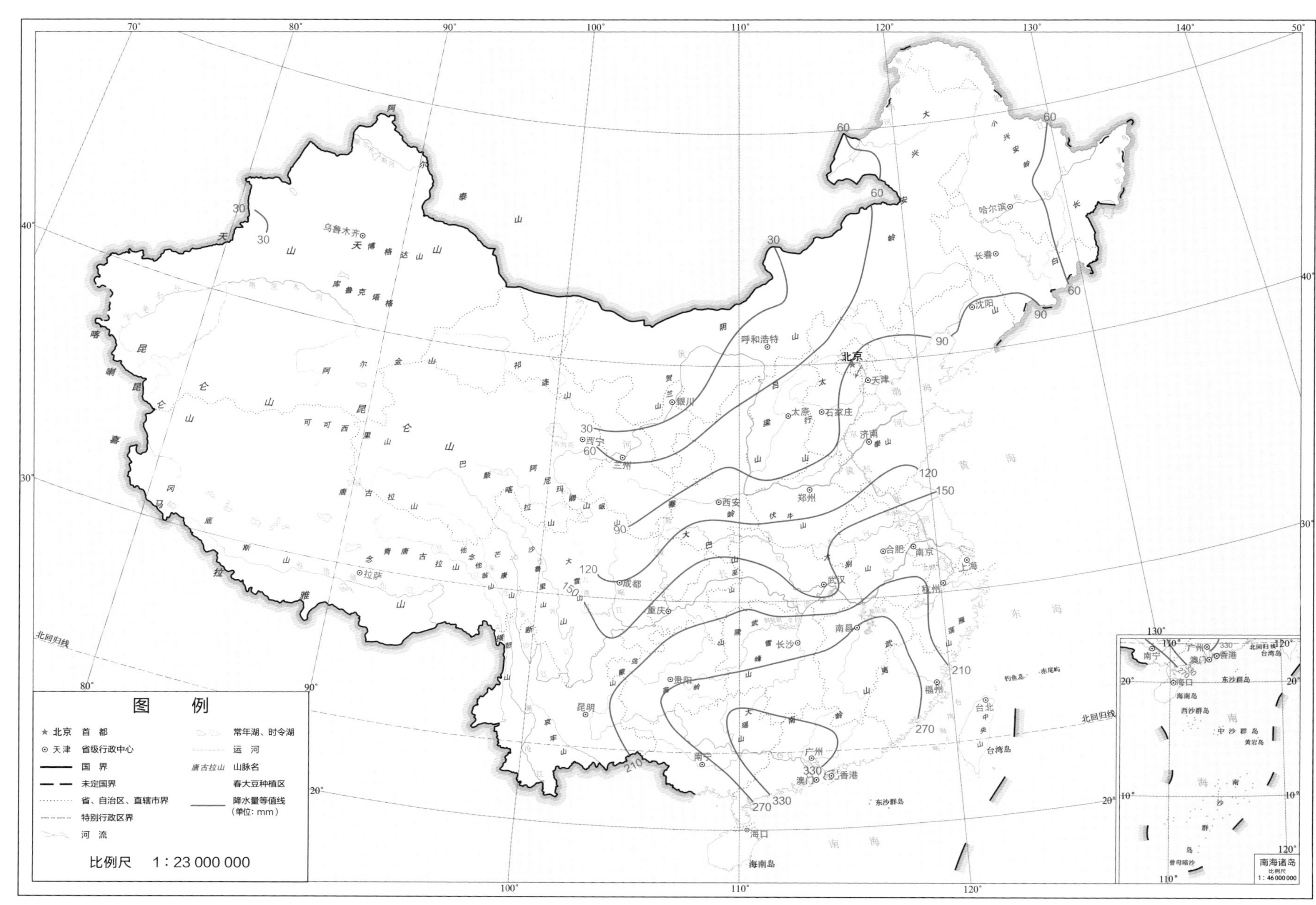

夏大豆分枝期—开花期降水量

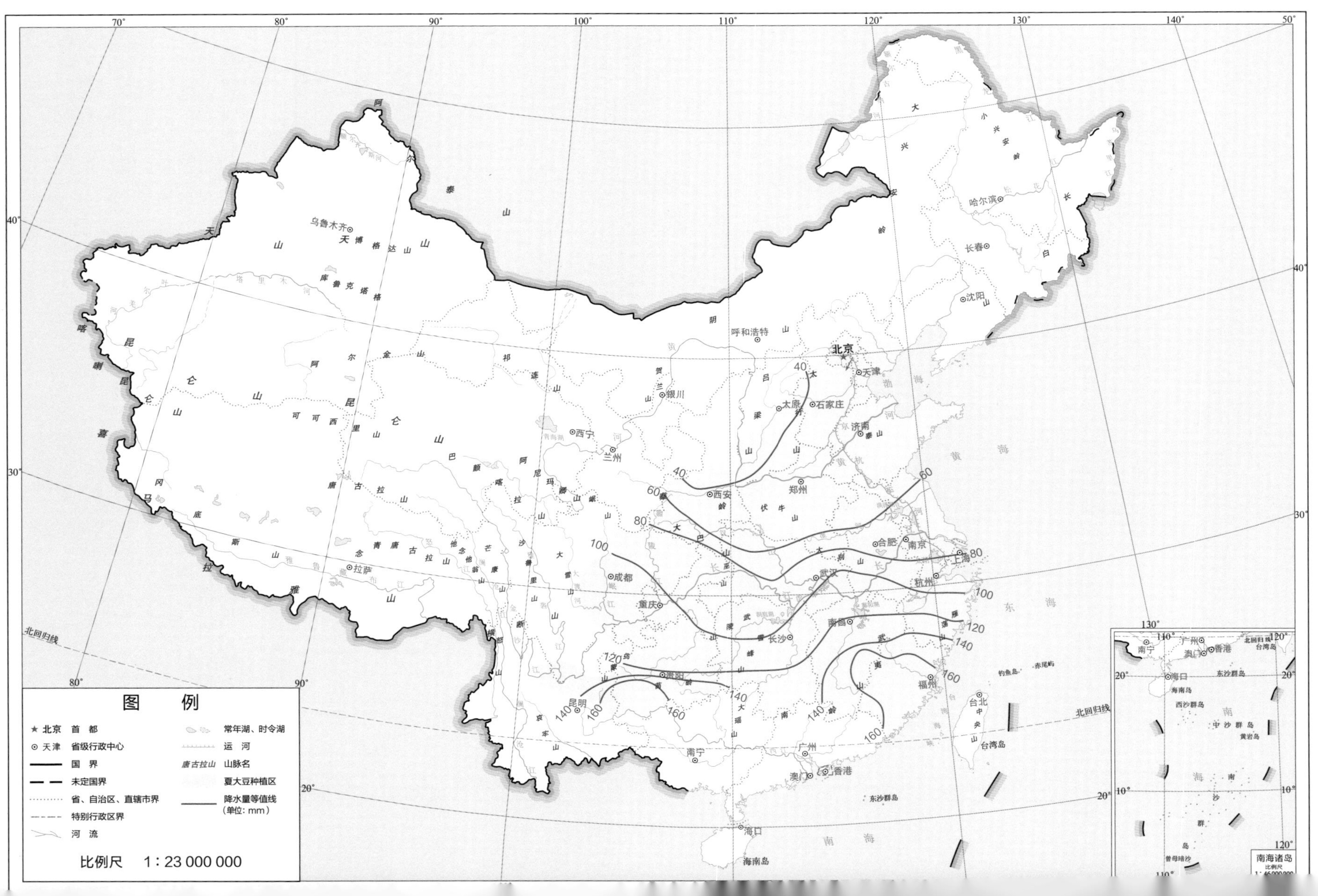

春大豆分枝期—开花期降水盈亏量

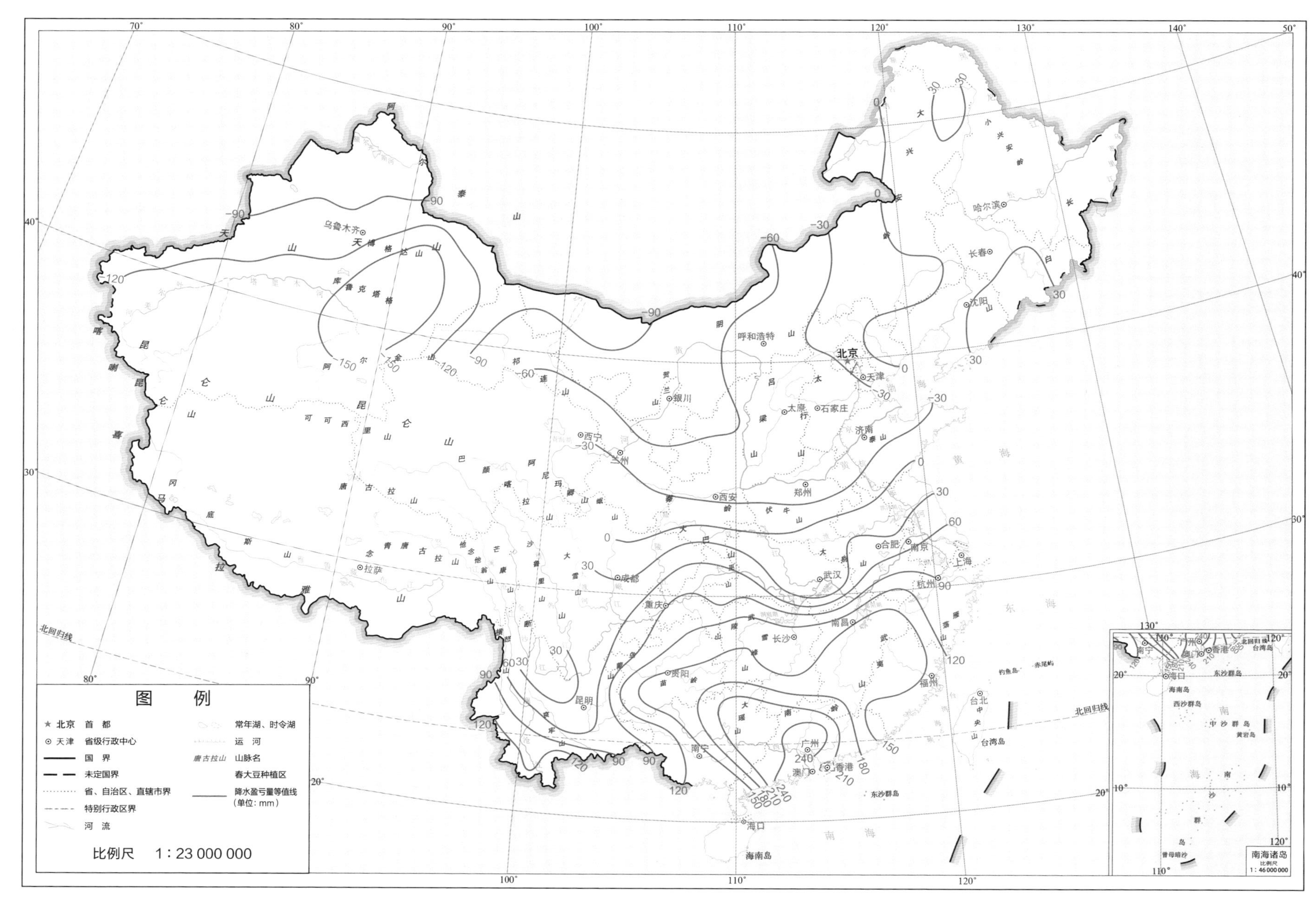

夏大豆分枝期—开花期降水盈亏量

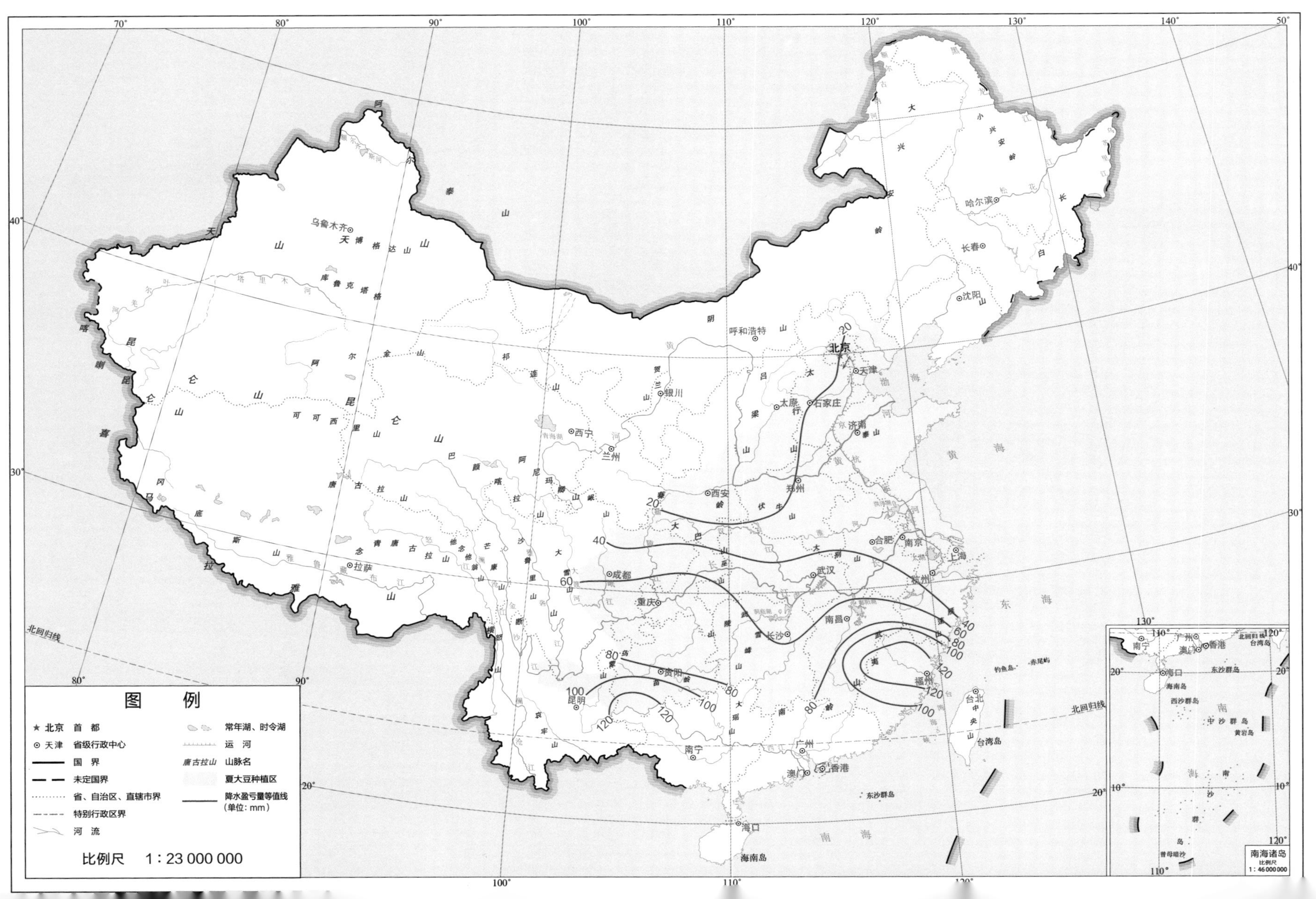

开花期—成熟期

光照不仅对大豆开花诱导有显著影响，还对开花后的营养生长和生殖生长具有调控作用。温度会影响大豆的开花和结实，过低或过高的温度会对大豆生长发育造成危害，从而影响产量。在开花期—成熟期，大豆种植区域内光、温资源应能满足春大豆和夏大豆的生长需求。春大豆开花期—成熟期，日照时数由南到北，从200 h增加到＞700 h。东北地区，日照时数在500 h左右。内蒙古由南到北，日照时数从500 h增加到700 h。黄河以南地区，大部分地区日照时数为200～400 h。夏大豆开花期—成熟期日照时数自西向东从200 h增加到400 h。春大豆开花期—成熟期≥10 ℃积温从＜800 ℃·d增加至1600 ℃·d，云南、四川东南部、贵州西部和福建中部最低，内蒙古西北部和新疆中部最高。东北地区和新疆，≥10 ℃积温自北向南增加；其余地区，呈现自南向北增加的趋势。夏大豆开花期—成熟期≥10 ℃积温由西北到东南，从＜1100 ℃·d增加到＞1500 ℃·d，陕西、山西和河北中部≥10 ℃积温最低，江西中北部和湖南东南部最高。

开花期—成熟期要求土壤水分充足，以保证大豆籽粒发育。如果墒情不好，就会产生幼荚脱落或秕粒秕荚。“干花湿荚，亩收石八”与“湿花干荚，有秆无瓜”的农谚正说明水分的重要性，干旱是大豆减产的重要原因。但过多的水分会造成大豆生长在一个缺氧的环境中，厌氧微生物和根系无氧呼吸产生的有毒物质反过来会抑制的大豆的生长与发育。在春大豆的种植区域内，甘肃、陕西中部、山西西部、河北西北部、内蒙古、辽宁与吉林接界处和内蒙古呼伦贝尔这些地区及以北、以西的地区，以新疆西南部、甘肃西北部和内蒙古西北部为中心，降水出现亏缺，不能满足大豆生长的水分需求；以上地区以东、以南的地区，降水出现盈余，能满足大豆生长的水分需求。新疆西南部、甘肃西北部和内蒙古西北部降水亏缺（＞320 mm）最多，福建和广东东南部降水盈余（＞240 mm）最多。夏大豆开花期—成熟期，山西太原周边和河北中部降水亏缺，其余种植区域降水均有盈余，四川成都及以西的地方盈余（＞240 mm）最多。对于开花期—成熟期的干旱，要合理灌溉以缓解干旱，也可进行叶面追肥，达到以肥调水的目的。另外，可适当趟地，施用薄膜或秸秆，以避免水分过快蒸发。喷施化学抗旱物质能调控植物自身抗旱性。对于开花期—成熟期的涝渍，要通过人工或者机械及时排出田间积水，并喷施能清除活性氧、延缓叶片衰老的化学调控物质，达到抗涝救灾的目的。

春大豆开花期—成熟期日照时数

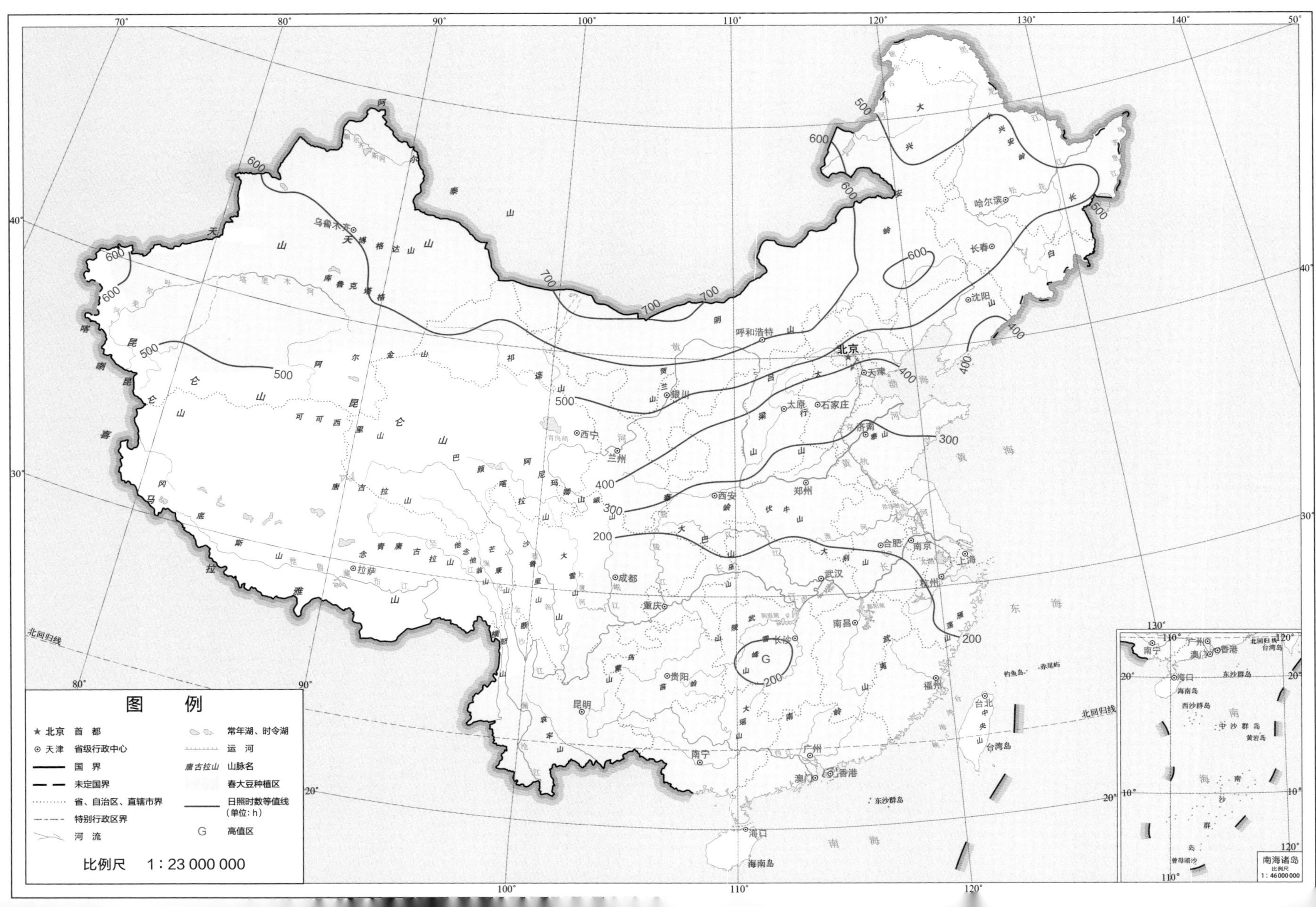

夏大豆开花期—成熟期日照时数

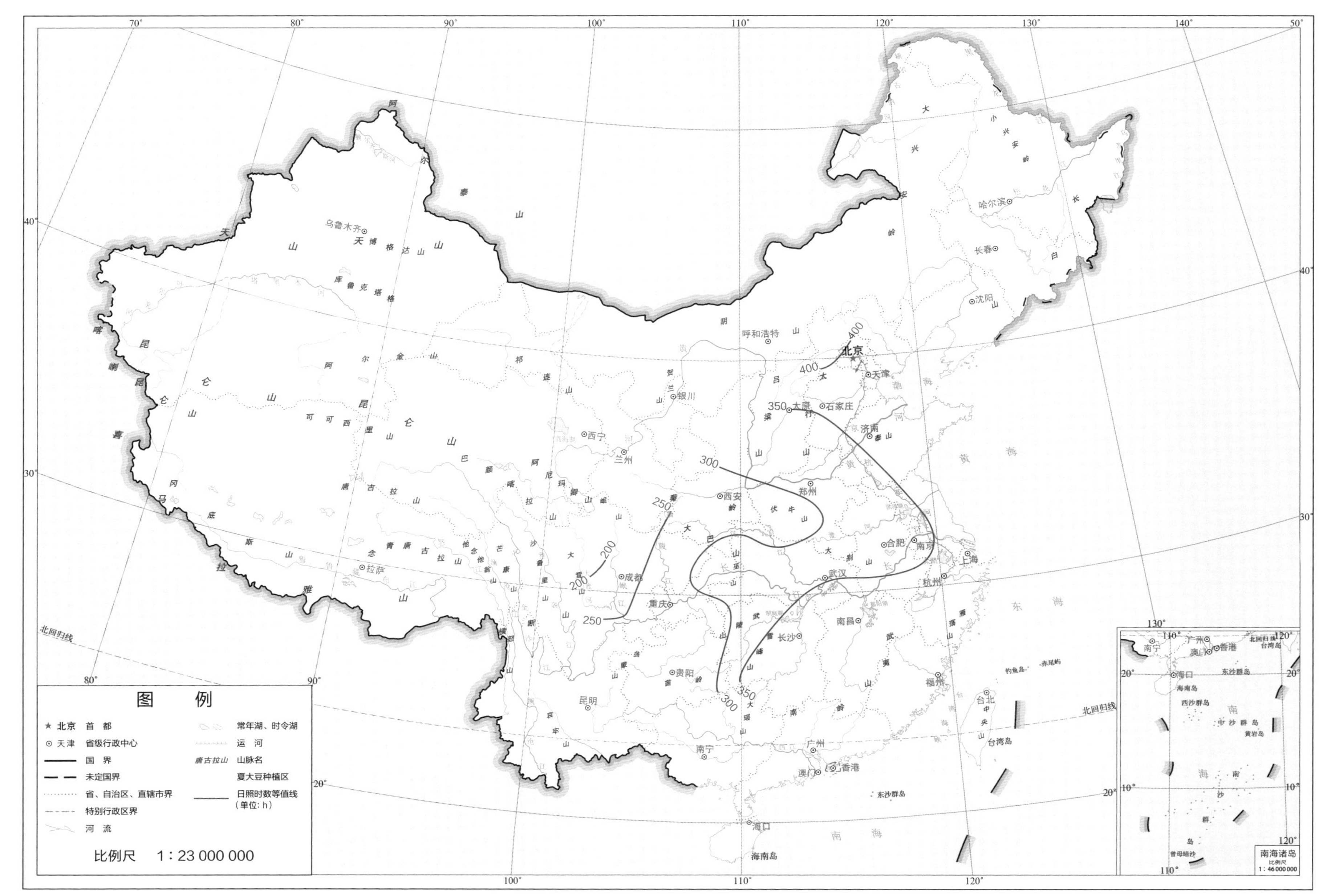

春大豆开花期—成熟期≥10℃积温

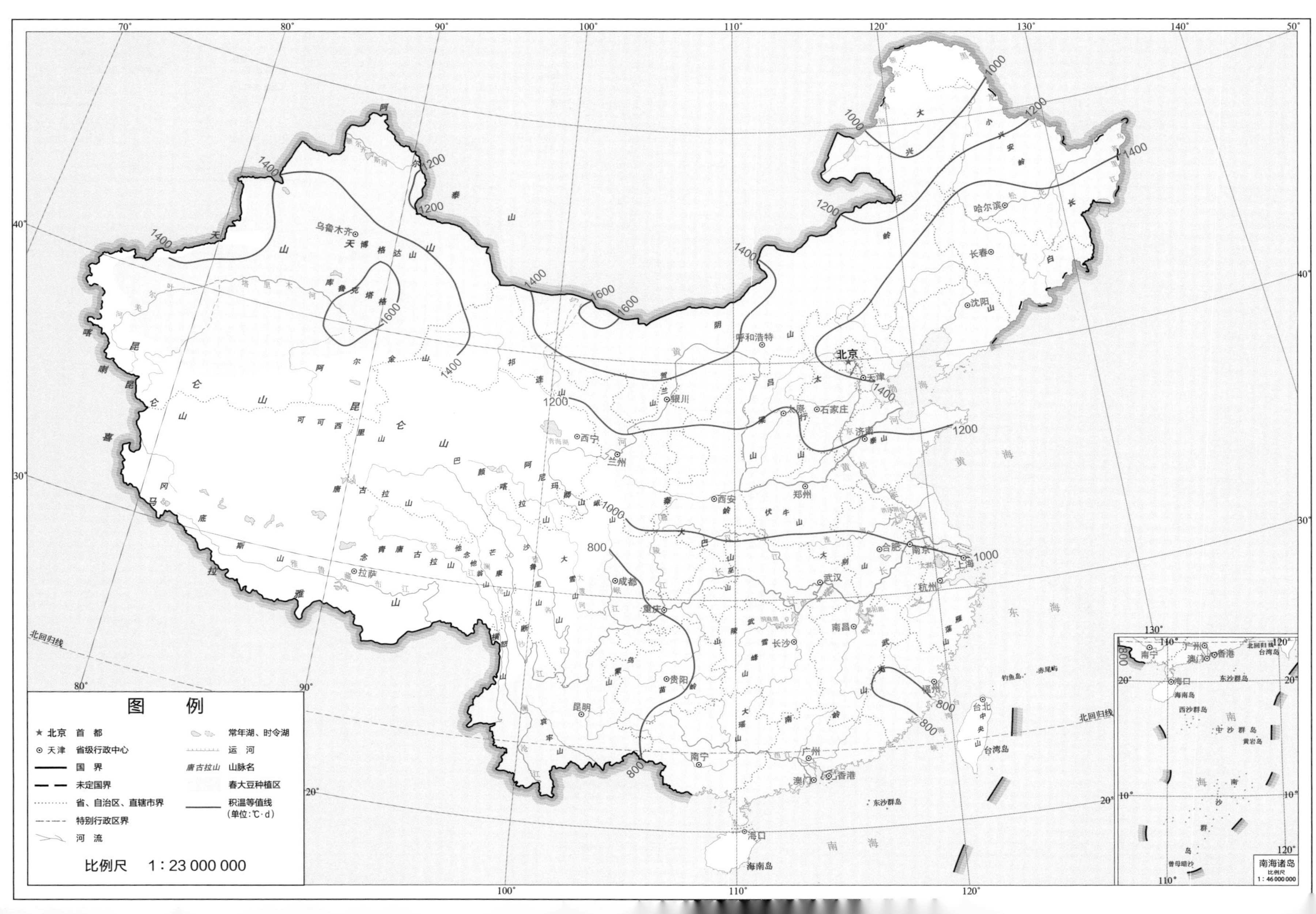

夏大豆开花期—成熟期≥10℃积温

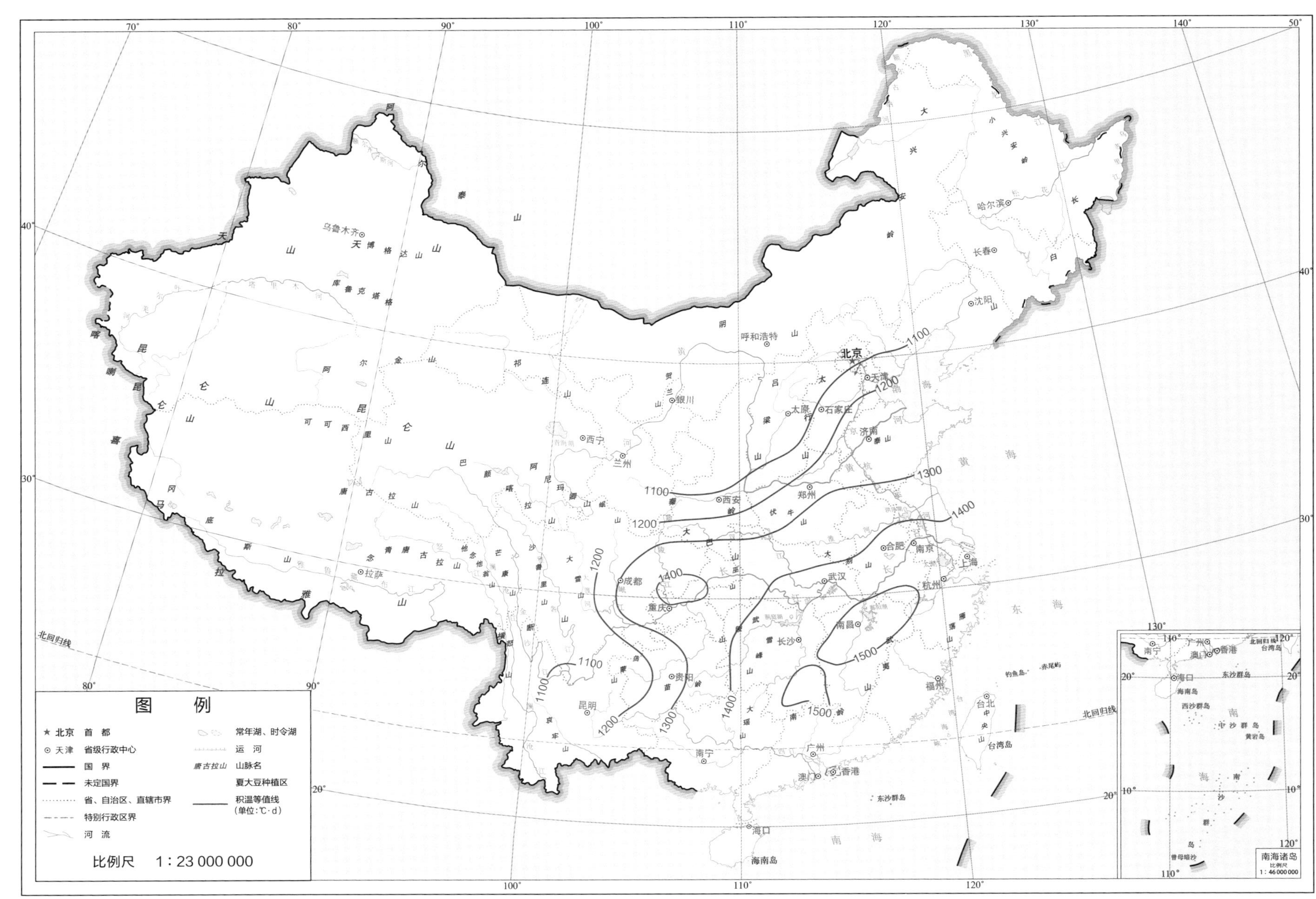

春大豆开花期—成熟期降水量

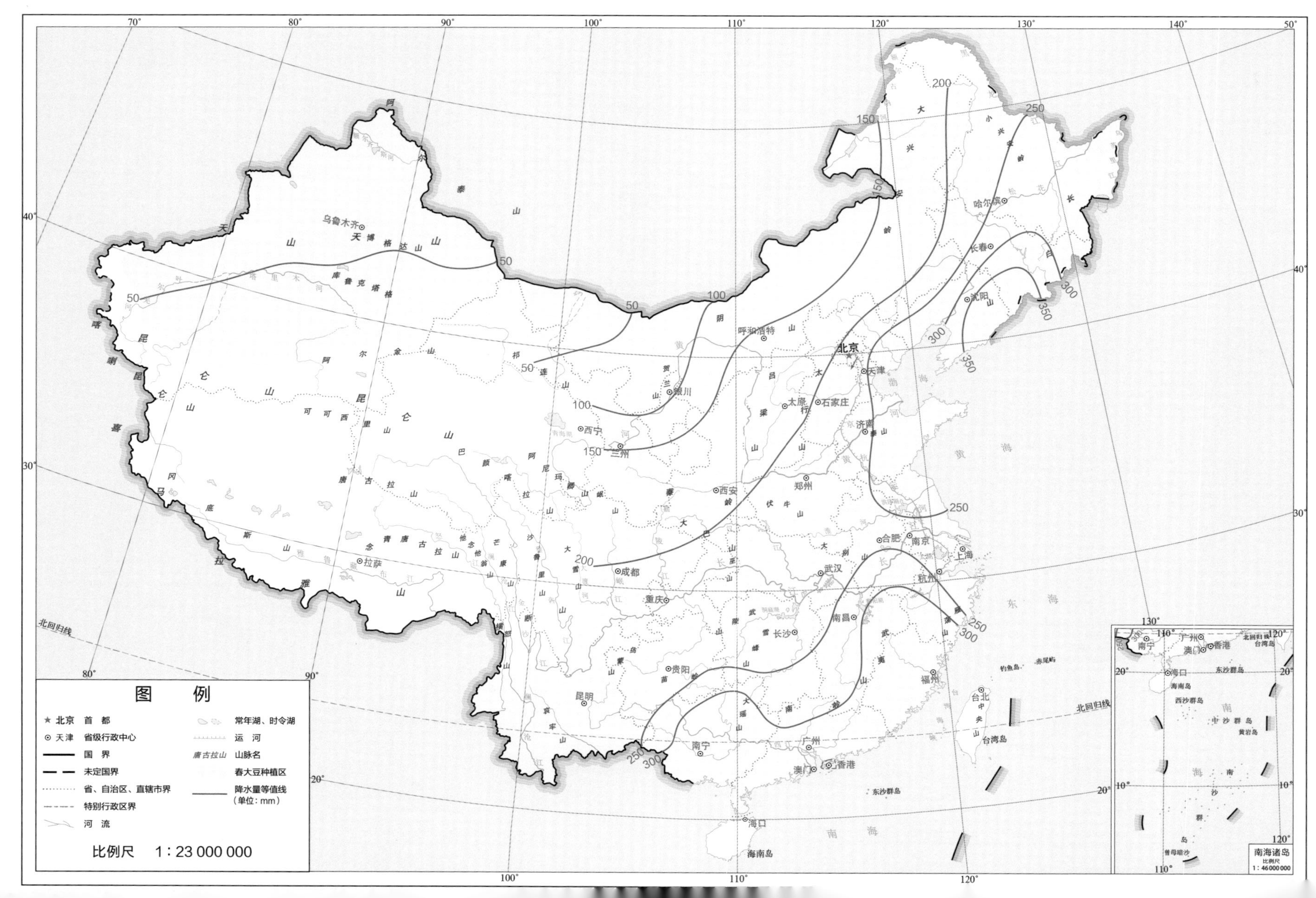

夏大豆开花期—成熟期降水量

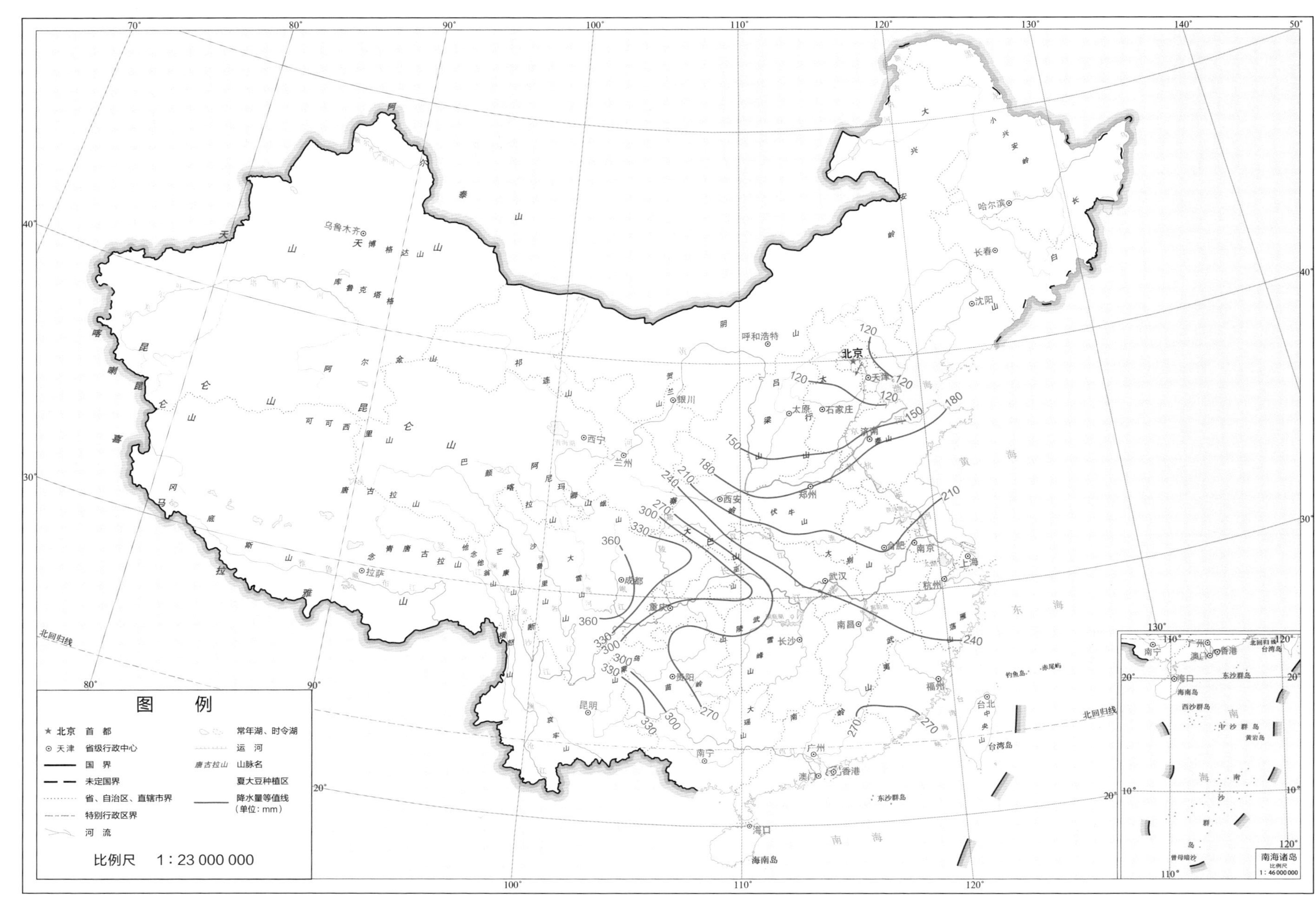

春大豆开花期—成熟期降水盈亏量

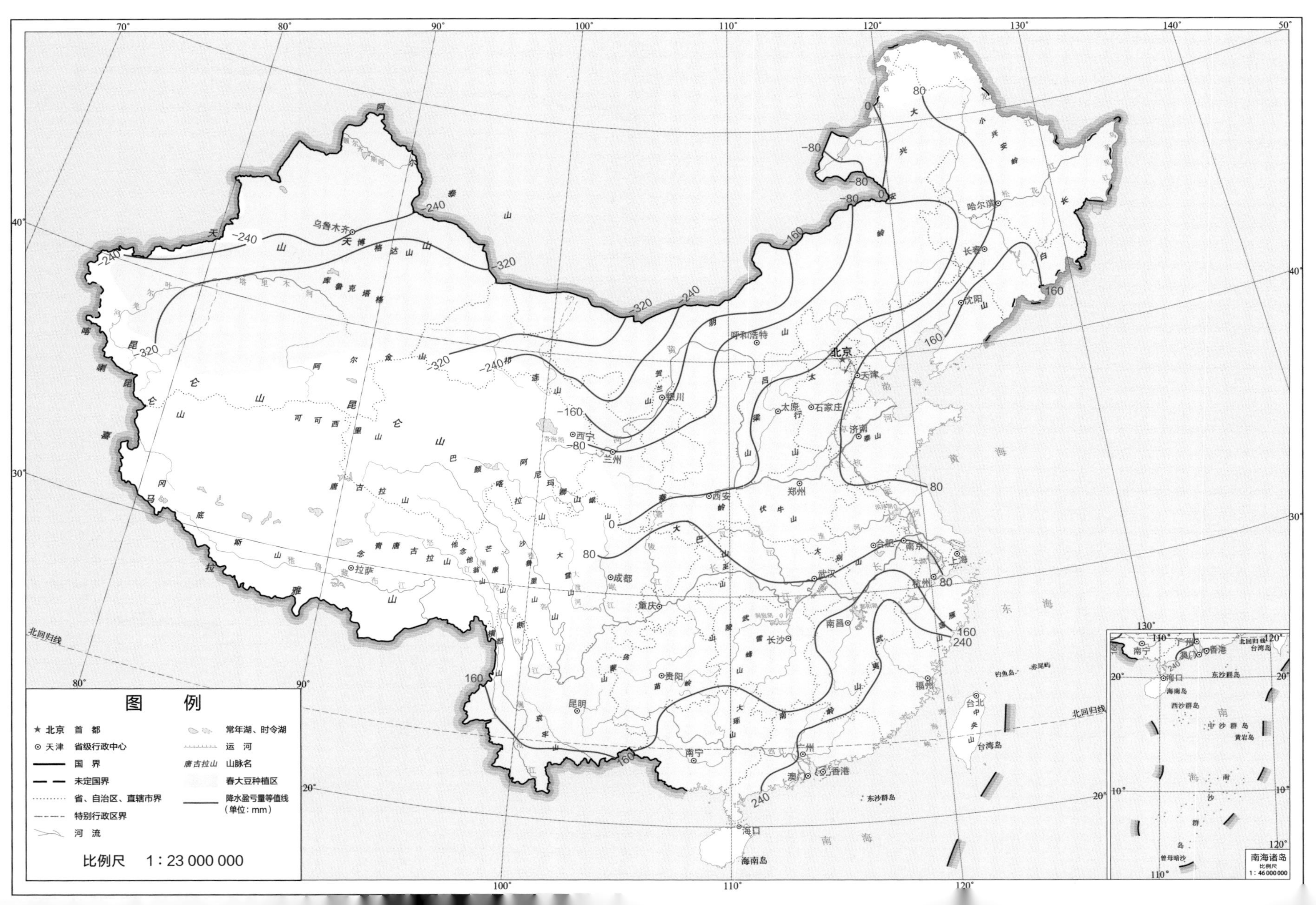

夏大豆开花期—成熟期降水盈亏量

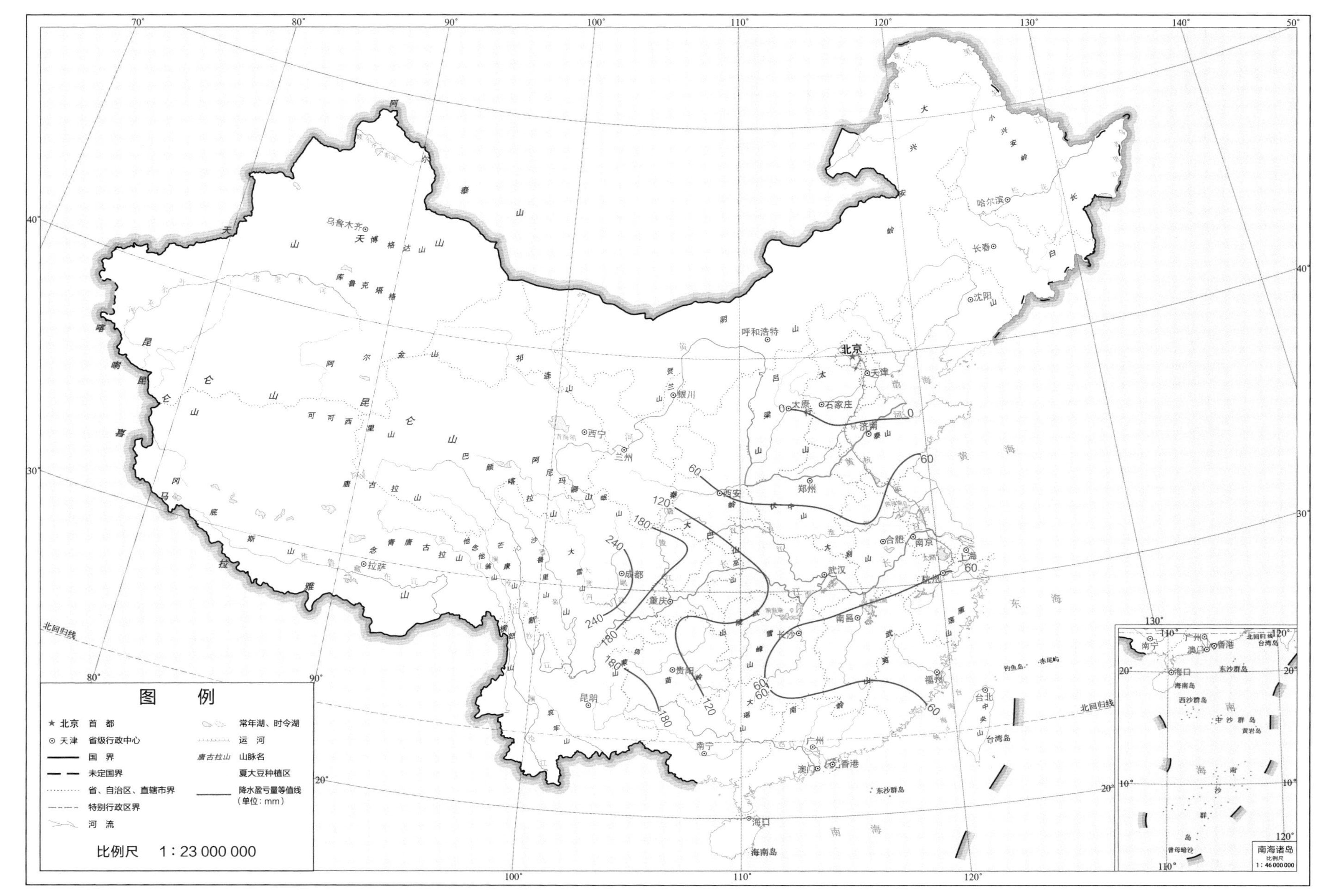

参考文献

董钻，2000. 大豆栽培生理［M］. 北京：中国农业出版社.
冯雪菲，张富荣，张淑杰，等，2015. 辽宁东北部大豆食心虫的发生与气象条件关系研究［J］. 现代农业科技（1）：239－240.
姜会飞，段若溪，2018. 农业气象学［M］. 北京：气象出版社.
李彤霄，2015. 河南省气候变化对大豆生育期的影响研究［J］. 气象与环境科学，38（2）：24－28.
李小红，1998. 气候条件与春大豆生长发育及产量关系的初步研究［J］. 作物研究（4）：15－17.
李玉平，2021. 夏播大豆中后期管理技术［J］. 现代农村科技（4）：25.
刘健，祁丽敏，刘保才，等，2014. 不同播期、行距、株距对大豆生育状与产量的影响［J］. 大豆科技（4）：1674－3547.
梅旭荣，2015. 中国农业气候资源图集·作物光温资源卷［M］. 杭州：浙江科学技术出版社.
梅旭荣，2015. 中国农业气候资源图集·作物水分资源卷［M］. 杭州：浙江科学技术出版社.
梅旭荣，2016. 中国主要农作物生育期图集［M］. 杭州：浙江科学技术出版社.
潘瑞炽，2012. 植物生理学［M］. 北京：高等教育出版社.
潘世臣，2017. 大豆生长发育与气象条件的关系分析［J］. 乡村科技，2（下）：40－41.
戚尚恩，孙有丰，祁宦，等，2010. 淮北气候条件对夏大豆生长的影响［J］. 中国农业气象，31（2）：267－270.
邱楚婵，年海，赵祯丽，等，2015. 华南三省区大豆生育期组划分的评价与研究［J］. 大豆科学，34（4）：555－564.
邱译萱，马树庆，李秀芬，2018. 吉林春大豆生育期变化及其对气候变暖的响应［J］. 中国农业气象，39（11）：715－724.
武福强，2020. 辽宁地区气象条件对大豆种植的影响与防御对策［J］. 基层农技推广，8（6）：73－74.
闫日红，杨振宇，杨光宇，等，2006. 地理位置及气候条件对大豆脂肪含量的影响［J］. 大豆通报（6）：41－44.